L'agriculture bio en devenir

Le cas alsacien

P.I.E. Peter Lang

Bruxelles · Bern · Berlin · Frankfurt am Main · New York · Oxford · Wien

Denise Van Dam, Michel Streith et Jean Nizet (dir.)

L'agriculture bio en devenir

Le cas alsacien

Cet ouvrage a bénéficié du soutien de la Banque nationale de Belgique, du Laboratoire des dynamiques sociales et recomposition des espaces (CNRS), du Conseil régional d'Alsace et des Facultés universitaires Notre-Dame de la Paix à Namur.

Éditions scientifiques internationales
Bruxelles, 2011
1 avenue Maurice, B-1050 Bruxelles, Belgique
www.peterlang.com ; info@peterlang.com

Imprimé en Allemagne

ISSN 1377-7238
ISBN 978-90-5201-716-7
D/2011/5678/25

Information bibliographique publiée par « Die Deutsche Nationalbibliothek »

« Die Deutsche Nationalbibliothek » répertorie cette publication dans la « Deutsche Nationalbibliografie » ; les données bibliographiques détaillées sont disponibles sur le site <http://d-nb.de>.

Table des matières

Remerciements

Nos remerciements vont en tout premier lieu aux nombreux acteurs du développement de l'agriculture biologique en Alsace. Nous en avons rencontré une cinquantaine dans le cadre de nos entretiens et de nos visites sur le terrain. Pour des raisons de confort de lecture, nous les présenterons « en action » plutôt que nominalement. Nous remercions tout particulièrement les agriculteurs : vignerons, éleveurs, maraîchers, arboriculteurs, céréaliers, établis en différents lieux de l'Alsace. Nous témoignons également notre reconnaissance aux membres institutionnels ou associatifs, professionnels, techniciens ou administratifs, qui ont su, avec beaucoup de patience, nous exposer leur rôle dans la progression de l'agriculture biologique en Alsace.

Avec l'ensemble de toutes ces personnes dynamiques, nous avons eu cette chance de construire un dialogue fructueux dans une ambiance chaleureuse. Leur accueil fut de haute tenue, les discussions passionnées et enrichissantes. Chez tous, nous avons ressenti la fierté de participer à l'essor du bio dans leur région. Notre plus grand souhait est que chacun d'entre eux se retrouve dans les lignes qui leur sont consacrées.

Nous remercions également les auteurs des chapitres qui ont accepté de se lancer dans cette aventure de la pluridisciplinarité en acte. Ce n'est pas fréquent. Les regards croisés entre sociologue, psychologue, anthropologue, agronome, formateur, ont donné lieu à des débats et des productions scientifiques originales. Nous espérons ainsi apporter des éléments de réponses à la question des relations entre l'agriculture biologique et un territoire.

La publication de nos travaux doit en grande partie aux partenaires qui nous ont soutenus financièrement, à savoir la Banque nationale de Belgique, le Laboratoire des dynamiques sociales et recomposition des espaces (CNRS, universités de Paris 1, 7, 8 et 10), Le Conseil régional d'Alsace et l'université de Namur (FUNDP). Nous leur adressons notre gratitude pour la confiance qu'ils nous ont apportée.

Nous dédions ce livre à Sonia, Aline et Manon, témoins fidèles et attentionnées.

Introduction

L'Alsace devient progressivement une région de pointe en matière d'agriculture biologique et pourrait, au-delà de ses particularismes, être considérée comme une référence pour les autres régions françaises, même européennes. Cet ouvrage présente les résultats d'une recherche qui analyse, à partir de points de vue divers (sociologique, anthropologique, géographique, historique et psychologique), les conditions et les processus qui favorisent ou freinent le développement du bio en Alsace.

Les auteurs ont interviewé longuement une cinquantaine d'agriculteurs biologiques : vignerons, céréaliers, maraîchers, arboriculteurs et éleveurs établis dans les différentes parties de l'Alsace. Dans de nombreux cas, ces interviews ont été suivies par des visites d'installations. Une dizaine d'entretiens auprès de témoins privilégiés ainsi que l'étude de documents divers émanant d'instances politiques, d'associations et de particuliers ont complété notre documentation. La plupart des interviews, qui avaient une durée moyenne de 1 h 15, ont été menées par équipe de deux. Elles faisaient généralement l'objet d'une analyse quelques heures après leur déroulement pour être ensuite retranscrites intégralement, puis réanalysées dans le cadre de réunions de travail.

De l'analyse de ces données ont émergé dix chapitres regroupés en trois thèmes qui constituent les trois parties de l'ouvrage. Elles renvoient à la place du bio dans le paysage agricole alsacien (1re partie), aux représentations, aux émotions et à l'identité des agriculteurs biologiques (2e partie) et aux dynamiques particulières qui sont à l'œuvre dans certains secteurs de l'agriculture biologique (3e partie).

Pour chacun des dix chapitres, les auteurs ont mobilisé des cadres théoriques selon leur sensibilité et selon la richesse du terrain. La psychologie, quand nous décrivons le rôle des émotions dans l'action collective et les pratiques quotidiennes. La sociologie, quand nous nous intéressons à la diversité des acteurs – institutionnel, associatif, individuel – ou lorsque nous mettons en relief la construction des réseaux ou lorsque nous retraçons l'évolution des liens entre agriculture et nature durant ces 60 dernières années ou encore quand nous étudions la dynamique particulière engendrée par une coopérative laitière. L'anthropologie lorsque nous nous interrogeons sur le rôle particulier d'une structure associative dans l'essor de la viticulture bio. Au-delà de la diversité des disciplines, la question des tensions court tel un fil rouge dans les différents chapitres. Tensions entre modernité et tradition, entre individu et institution, entre mouvement social et institutionnalisation. L'ensemble de ces tensions témoigne de la complexité du champ de l'agriculture biologique. Précisons que les trois parties et les différents chapitres ont chacun leur autonomie, permettant au lecteur d'aborder la lecture de l'ouvrage en fonction de ses propres intérêts.

Voyons de manière plus détaillée le contenu des différents chapitres.

Dans le premier chapitre, intitulé « Un demi-siècle d'agriculture : de modèles en rupture », Maurice Wintz situe le bio dans l'évolution générale de l'agriculture en Alsace. Il repère les principales mutations et leurs liens avec le rapport à la nature. Cette évolution est présentée sous deux dimensions principales. D'une part, l'auteur tente de caractériser trois modèles dominants d'agriculture qui se sont succédé au fil du temps : le modèle paysan d'avant la modernisation des années 1950-1960, le modèle industriel issu de la modernisation, enfin le modèle actuel caractérisé par la recherche de pratiques alternatives parmi lesquels l'agriculture biologique, les circuits courts, etc. D'autre part, il tente de montrer, à partir d'un exemple particulier, celui du Ried, comment la demande sociale en faveur de l'environnement a conduit à une modification partielle des pratiques agricoles en matière de gestion du paysage rural.

Dans le deuxième chapitre intitulé « L'agriculture bio aujourd'hui et ses perspectives », Michel Streith et Daniel Schmidt dressent un bilan du développement du bio en Alsace à partir des données sur la localisation des cultures bio, l'évolution des surfaces et les filières. Ces données font apparaître, pour le bio, un taux de couverture de la surface agricole utile supérieur à la moyenne nationale et d'un point de vue dynamique, une progression plus importante que celle des autres régions françaises. Cette évolution est essentiellement portée par deux secteurs : la viticulture et l'élevage laitier. Le premier est surtout localisé dans le piémont vosgien et le deuxième dans l'Alsace dite bossue. Ainsi, le paysage de l'agriculture bio en Alsace révèle de grandes disparités suivant les secteurs et les territoires.

La deuxième partie débute par un chapitre présenté par Denise Van Dam. Il s'intitule : « Les émotions dans l'action collective et dans l'exercice du métier ». Ce chapitre s'intéresse à la « culture émotionnelle » du mouvement de l'agriculture bio, en considérant que celui-ci comporte un volet « action sociale » et un volet « activité professionnelle ». Quelles émotions observe-t-on de part et d'autre ? Avec quelle intensité s'expriment-elles ? Observe-t-on des différences entre les émotions rattachées à l'action sociale et celles qui sont liées à la profession ? L'analyse fait apparaître globalement la grande variété des émotions exprimées par les interviewés, à tel point qu'elles débordent certaines des classifications théoriques proposées par la littérature.

Quant aux différences entre les deux volets, la variété et l'intensité des émotions sont généralement plus importantes pour le volet activité professionnelle que pour le volet action sociale.

L'analyse des conversions vers le bio fait l'objet d'une littérature fournie en matière de comportements individuels. Le chapitre 4 rédigé par Michel Streith et intitulé « Les collectifs comme levier de la conversion » propose une entrée complémentaire en mettant l'accent sur les dimensions collectives des processus de conversion, dimensions qui jouent un rôle majeur dans la légitimation de l'activité au sein du monde agricole. Sa réflexion est construite à partir d'entretiens effectués auprès d'agriculteurs en cours de conversion qui opèrent dans des secteurs productifs différents : viticulture, élevage, apiculture et maraîchage. Il distingue les rôles spécifiques de trois types de collectifs : les associations, les coopératives et les institutions. L'objectif est de mettre en évidence l'influence de ces supports dans la constitution des savoirs des agriculteurs biologiques.

La deuxième partie se termine par le chapitre 5, intitulé « Les motivations des acteurs en transition ». Guillaume Christen se donne pour objectif de comprendre les motivations des agriculteurs qui démarrent une activité en bio. Celles-ci diffèrent suivant qu'il s'agit de néo ruraux, ou d'agriculteurs qui produisaient antérieurement en conventionnel. Chez ces derniers, on distingue trois justifications. La première, de nature économique, consiste à assurer la viabilité de l'exploitation. La deuxième consiste à se donner une image plus valorisante que celle d'agriculteur conventionnel et à améliorer ainsi sa reconnaissance sociale. La troisième est de rendre son travail plus riche, plus intéressant. Quant aux néo ruraux, leur projet d'installation en agriculture biologique intervient généralement lors de périodes charnières de leur vie durant laquelle ils cherchent à donner un sens nouveau à leur activité professionnelle. Ils abordent alors l'agriculture bio en transférant des ressources acquises hors des milieux agricoles. Ce sont souvent d'anciens ingénieurs en environnement, professeurs, agronomes, etc. qui donnent ainsi un sens politique à leur nouvelle profession.

On passe ensuite à la troisième partie qui porte sur des dynamiques singulières. Dans le chapitre 6, Florence Hellec et André Blouet étudient « L'essor de l'élevage laitier en Alsace bossue ». Ils s'appuient sur une enquête réalisée auprès de producteurs et de membres de l'encadrement technique et commercial d'une importante coopérative laitière. Après avoir présenté l'histoire du développement de la filière sur ce territoire, ils s'intéressent aux pratiques sociales et techniques des éleveurs actuels. Ils reviennent également sur le débat actuel autour de la conventionnalisation de l'agriculture bio. Ils montrent en quoi les éleveurs bio intensifient leur production tout en renouvelant le rapport à l'environnement naturel et aux consommateurs.

La viticulture est l'un des secteurs moteurs dans le développement de l'agriculture bio en Alsace. Dans le chapitre 7, intitulé « La viticulture, une nouvelle modernisation », Michel Streith analyse les raisons de l'importance de ce phénomène. Des considérations générales sur le rôle macrosocial du marché ne suffisent pas à rendre compte du développement de la filière viticole. Dans ce secteur, le choix de travailler en bio repose aussi sur des facteurs endogènes. À partir d'éléments recueillis dans des entretiens auprès de viticulteurs récemment convertis, l'auteur se penche sur l'exemple d'une association, Tyflo, héritière d'une structure créée à la fin des années 1960, qui a favorisé le saut vers le bio. Cela amène l'auteur à s'interroger sur la relation entre tradition et modernisation dans les processus passé et présent de transformation de la viticulture.

La Foire Éco-Bio d'Alsace et le Salon BiObernai sont deux manifestations annuelles du bio en Alsace. Denise Van Dam les analyse dans le chapitre 8, intitulé « La Foire et le Salon, deux sensibilités du bio alsacien ». La première manifestation voit le jour dans les années 1980, dans un contexte hostile au bio. La seconde apparaît en 2004, lorsque le bio a davantage le vent en poupe. Rien d'étonnant que les acteurs porteurs de ces deux projets, les valeurs qu'ils défendent et les activités qu'ils proposent, diffèrent au moment de leur genèse et encore aujourd'hui. Ce chapitre propose d'analyser la construction des réseaux de ces deux manifestations, à travers les « actants » que sont les êtres humains et leurs compétences, les objets techniques, les informations et les moyens financiers. La contribution se termine par une réflexion sur le processus de conventionnalisation et d'institutionnalisation du bio.

Le chapitre 9, intitulé « Les formations, entre mouvement social et institutionnalisation » est signé par Jean Nizet et Bernard Wentz. Il analyse l'évolution des formations à l'agriculture bio en Alsace. Dès l'origine du bio, les savoirs et savoir-faire se sont construits dans les échanges informels entre agriculteurs. Puis arrive en 2007 le « Grenelle Environnement », qui met en place et assure le financement de nouvelles formations. Cette institutionnalisation a-t-elle pour effet de réduire le nombre et l'importance des formations plus informelles ? Les auteurs répondent négativement à cette question. Ils relèvent que les échanges entre agriculteurs se poursuivent et se renouvellent, notamment par l'usage de l'internet. Ils montrent également que les réseaux informels s'investissent dans les formations institutionnalisées pour en infléchir les contenus et les modalités.

La troisième partie, consacrée aux terrains singuliers, se clôture par un chapitre qui en élargit quelque peu le propos : « Le développement du bio : une affaire d'individus ou d'institutions ». Guillaume Christen et Jean Nizet présentent, en effet, une vue d'ensemble de la manière dont le bio progresse dans la région. Ils défendent la thèse que les processus de développement diffèrent sensiblement suivant que l'on a affaire aux céréales, aux bovins, au maraîchage, ou encore à la viticulture. Dans certains cas, les processus sont pilotés plutôt par des acteurs individuels (les consommateurs, des producteurs indépendants, etc.), tandis que dans d'autres ils sont commandés par des acteurs collectifs (telle coopérative, telle grande entreprise de transformation, telle réglementation régionale, nationale, ou européenne, etc.).

Première partie

Le bio dans le paysage agricole alsacien

CHAPITRE 1

Un demi-siècle d'agriculture

De modèles en ruptures

Maurice WINTZ

Maître de conférence à l'Université de Strasbourg

L'agriculture alsacienne, insérée dans l'agriculture française et européenne, s'est inscrite, au cours des dernières décennies, dans une dynamique de mutations importantes, que nous allons tenter de retracer à grands traits. Cette évolution se caractérise dans un premier temps par une profonde transformation des modes de vie et de production du monde agricole qui passe du modèle paysan au modèle industriel. La dynamique de changement est principalement portée par le monde agricole lui-même, soucieux de s'inscrire dans la modernisation de la société d'après-guerre. Dans une deuxième phase, plus récente, on peut observer une nouvelle mutation, davantage centrée autour de la question environnementale. Ici, c'est plutôt la demande sociale, sous différentes formes (sécurité alimentaire, paysage, pollution, etc.), qui est facteur d'évolution. Dans certains cas, elle va conforter ou stimuler des conversions à l'agriculture biologique, dans d'autres, elle va induire des objectifs de gestion écologique dans les pratiques agricoles[1].

Dans une première partie, nous allons préciser le contexte général de la modernisation agricole des années 1950 dans lequel s'est inscrite l'agriculture régionale. Puis, nous illustrerons, à partir de l'exemple du Ried central de l'Ill, une des tendances d'écologisation de l'agriculture en Alsace, centrée sur la question écologique ou paysagère. On constatera d'emblée que, si dans le Ried l'évolution environnementale est nette, elle n'a pas pour autant conduit à un fort développement de l'agriculture

[1] C'est typiquement le cas des mesures agro-environnementales mises en place dans des milieux naturels considérés comme remarquables : Rieds, Hautes-Chaumes vosgiennes.

biologique[2], contrairement à d'autres secteurs comme le piémont ou l'Alsace bossue. Deux tentatives d'explication peuvent être avancées : d'une part le poids de la structure socioagricole dans laquelle sont insérés les exploitants (encadrement technique, système de traitement et de collecte des productions) qui va faciliter ou freiner certaines évolutions. D'autre part les conditions écologiques locales qui constituent des options plus ou moins contraignantes pour les parcours agricoles.

Ainsi, si l'on prend le découpage réalisé par la profession agricole et l'État, l'Alsace présente un certain nombre de régions agricoles (RA) ou de petites régions agricoles (PRA) aux différences bien marquées. Ces régions présentent des caractéristiques fortement, bien que non exclusivement, liées aux conditions écologiques des territoires concernés. Les régions agricoles sont réparties selon un gradient ouest-est qui rend compte des principaux écosystèmes de la région : massif vosgien et Alsace bossue (principalement voués à l'élevage), collines sous-vosgiennes (viticulture), plaine du Rhin et Ried (céréaliculture). Les caractéristiques écologiques de ces régions ont, par les facilités ou les freins qu'elles ont constitués par rapport aux modes d'exploitation, nuancé les grandes tendances d'évolution de l'agriculture, sans les remettre en cause sur le fond.

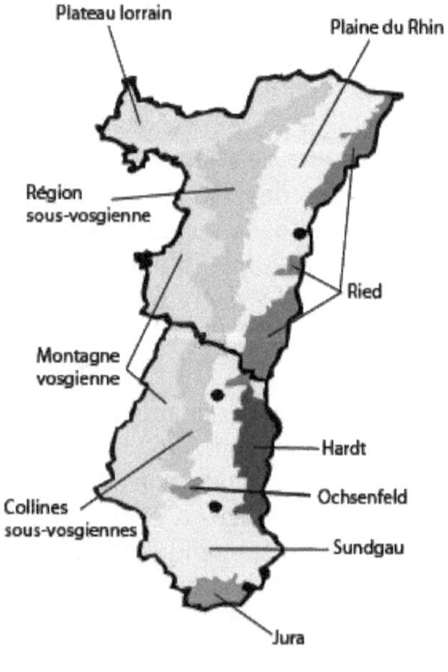

Figure n° 1 – Les régions agricoles en Alsace
Source : Agreste RA2000

2 Même si l'un des leaders régionaux de l'agriculture biologique réside dans le Ried !

La modernisation agricole

Si l'on observe l'évolution de l'agriculture au cours du XXe siècle, on constate des changements majeurs qui concernent aussi bien les pratiques agricoles que les relations entre le monde agricole et le reste de la société. L'évolution majeure, et reprise par nombre d'analystes, se caractérise par le passage du modèle paysan au modèle de l'agriculteur industriel. À partir des deux premiers modèles, classiques, que nous allons décrire brièvement, nous allons essayer de montrer qu'une nouvelle évolution est en train de se dessiner actuellement.

L'agriculture paysanne comme point de départ

Le modèle agricole dominant à la sortie de la Seconde Guerre mondiale est une agriculture de subsistance pratiquée par une population agricole qui est encore majoritaire dans le monde rural. Les moyens exosomatiques[3] dont dispose cette population agricole sont essentiellement ceux de la traction animale, et limitent par conséquent les possibilités d'intervention sur les écosystèmes et surtout de dépassement de leurs potentialités. Cette agriculture, pratiquée par une population nombreuse, et donc sur un parcellaire relativement petit et morcelé, produit une mosaïque de formes d'exploitation devant composer avec les conditions écologiques locales. Du point de vue social[4], il s'agit principalement d'une agriculture de subsistance, qui doit fournir la plupart des ressources alimentaires du ménage, c'est-à-dire d'une polyculture-élevage qui contribue, également pour cette raison, à la diversité paysagère évoquée plus haut. Ajoutons encore que pendant cette période, quasiment toute la population rurale pratique l'agriculture, que ce soit à titre principal ou à titre d'appoint (artisans et ouvriers) pour contribuer à assurer la subsistance. Ce modèle perdure jusque dans les années 1950 avant d'être bouleversé par la mutation industrielle et urbaine de la société européenne pendant les « Trente Glorieuses ».

La modernisation agricole ou le modèle industriel

La modernisation agricole, engagée dans les années 1950 et 1960 renforce et accélère la tendance qui s'était déjà dessinée au cours du

---

3 Pour reprendre la notion de Georgescu-Roegen (1979) qui désigne l'énergie externe (complémentaire de celle de son propre corps) que mobilise l'être humain pour agir sur son environnement. Cette énergie peut être de la force animale ou, plus récemment, de l'énergie fossile.

4 Les analyses et descriptions détaillées de ce modèle ne manquent pas. Citons Mendras (1984), Miquel (2004) ou, plus spécifiquement pour l'Alsace, Juillard (1992).

XXe siècle dans le cadre de l'urbanisation et l'industrialisation de la société. La volonté de la profession agricole (représentée par les syndicats majoritaires) et l'État est de calquer le modèle agricole sur le modèle industriel et de faire du paysan un agriculteur professionnel capable de produire pour un marché international concurrentiel. Les conditions et conséquences de la mise en place de ce modèle sont l'éclatement du modèle paysan et familial précédent, le développement des moyens exosomatiques (mécanisation, intrants de synthèse, etc.), la spécialisation des productions. Ces évolutions rendent possibles et nécessaires des interventions massives sur les écosystèmes et transforment profondément la mosaïque paysagère précédente en une juxtaposition à grande échelle de cultures spécialisées. Dans le même temps, essentiellement du fait de la sélection volontaire des exploitations les plus performantes selon les critères propres à ce modèle, le nombre d'agriculteurs se réduit de manière importante en même temps que la population non agricole s'accroît fortement dans l'espace rural[5]. L'agriculture cesse globalement d'être un moyen de subsistance pour devenir une activité productive (presque) comme les autres, insérée dans un processus de marchandisation (et de subventionnement) largement dominé par le secteur industriel. L'agriculteur aujourd'hui ne produit plus d'abord en fonction des besoins en nourriture de la population, mais en fonction des productions qui sont perçues comme les plus lucratives (en fonction des possibilités de production locales).

Le modèle de l'agriculteur ainsi dégagé est qualifié de « modèle technique agricole » par Muller *et al.* (1989) en ce sens qu'il tend à assimiler l'agriculteur à un technicien, qui cherche à se réconcilier avec la société industrielle. L'agriculteur doit occuper une place au niveau des échanges économiques nationaux et internationaux, il doit tendre à parler le même langage que le cadre industriel : celui de la modernité technique. La scolarisation agricole, qui constitue une filière spécifique dans le domaine de l'enseignement, va contribuer à insérer l'agriculteur dans un système technicien, poursuivi après la scolarité grâce à la présence assidue de conseillers et techniciens agricoles. Les organisations agricoles forment une sorte de corporatisme sectoriel visant à faire de l'agriculteur un véritable professionnel encadré par les mutuelles, les crédits agricoles, les coopératives d'amont et d'aval, les organismes de conseil et de formation. On assiste à une véritable sectorisation du monde rural, où les activités, insérées il y a quelques décennies dans un espace horizontal, de type territorial, se développent de plus en plus

[5] Cet accroissement est dû à la fois à une cause endogène (abandon de l'agriculture par certains agriculteurs ou descendants d'agriculteurs) et exogène (périurbanisation).

dans des espaces verticaux de type professionnel. Muller *et al.* (1989) caractérisent cette transformation selon trois grands processus :

> L'unité originelle de la famille au travail éclate au profit de l'émergence des rôles professionnels spécifiques. [...] Les activités économiques se délocalisent dans la mesure où leur cohérence, leur sens dépend de moins en moins de l'écosystème local. C'est particulièrement net pour l'activité agricole dans la mesure où, grâce à la standardisation des méthodes de culture et d'élevage [...], l'agriculture se transforme en une activité de plus en plus abstraite et de moins en moins ancrée sur un territoire physique [...] – enfin, les activités économiques se sectorisent, ce qui veut dire que l'ensemble des rôles professionnels ainsi autonomisés se regroupe sous la forme de filières professionnelles ou de secteurs qui réunissent, sur le mode vertical, l'ensemble des intervenants. Pour l'agriculture, ce sont les producteurs, les fournisseurs d'inputs agricoles et l'agro-industrie d'aval. C'est bien le secteur qui tend à supplanter la campagne.

En Alsace cette modernisation s'est traduite par un certain nombre de changements profonds, parmi lesquels[6] :

– une spécialisation spatiale des exploitations plus poussée, particulièrement nette dans le secteur sous-vosgien avec le développement quasi monopolistique de la viticulture, et dans la plaine avec la diffusion de la culture du maïs. Le maïs, favorisé par les subventionnements européens, par les particularités écologiques et par les filières spécifiques mises en place dans la région représente aujourd'hui près de 40 % de la surface agricole utilisée et 75 % des surfaces plantées en céréales.

– une dépendance forte à l'égard d'intrants de synthèse. La consommation d'engrais minérale est passée de 40 kg/ha en 1960 à 150 kg/an (170 kg pour le maïs) en 2006, soit 30 000 tonnes/an en Alsace. La consommation de pesticides est d'environ 4 kg de substance active/ha/an, soit 1 400 tonnes/an en Alsace.

– une réduction importante des effectifs agricoles. Si en 1950 il y avait environ 35 000 exploitations (en comptant uniquement celles de plus de 2 ha), il en restait 9 900 en 2000, dont 7 400 professionnelles. Aujourd'hui, certaines communes rurales d'Alsace ne comptent plus aucun agriculteur parmi leurs habitants. Pourtant, l'agriculture qui représente 1,1 % de la population active alsacienne exploite environ 40 % de la surface totale de la région.

– le développement de filières « verticales » spécialisées et tournées vers les marchés internationaux, dont une partie est tenue par les instances professionnelles agricoles, notamment des grandes coopératives (Comptoir agricole, Copvial, etc.), qui ont pour effet d'encadrer et

6 Les données chiffrées présentées dans les trois paragraphes suivants sont issues du site : www.agreste.agriculture.gouv.fr/region_5/alsace_132/index.html.

de soutenir les exploitants, mais aussi de réduire leur autonomie individuelle.

– la constitution d'un réseau d'influence autour de la FDSEA, quasi hégémonique jusque dans les années 1990, qui, à travers quelques personnalités, est majoritaire à la Chambre d'agriculture, dans les coopératives et lycées agricoles, et est bien représentée dans les assemblées des collectivités territoriales (Conseils généraux, Conseil régional, Conseil économique et social).

Une recomposition du paysage agricole et social

Le modèle industriel a permis une amélioration de la productivité et, globalement, des conditions de vie des agriculteurs. Une des motivations sociales de cette modernisation, toujours très marquée aujourd'hui, a d'ailleurs été, pour les nouvelles générations d'agriculteurs, de pouvoir adopter un mode de vie se rapprochant du mode de vie urbain devenu largement dominant. Ceci explique en partie, en complément de causes plus spécifiquement économiques, la régression progressive de l'élevage au profit de la culture céréalière. Le paysage agricole issu de cette évolution est, du point de vue physique, un paysage contrasté entre régions agricoles spécialisées (Alsace bossue et massif vosgien, collines sous-vosgiennes, plaine rhénane), et relativement uniformisé au sein de ces régions agricoles.

Cette évolution, en renforçant le recours à des moyens exosomatiques, a eu pour effet d'augmenter la dépendance des agriculteurs vis-à-vis des acteurs en amont (fournisseurs de crédits financiers, de subventions, d'intrants de synthèse, de machines, de semences et de savoirs, etc.) et en aval (transformation et distribution). Elle a également eu pour effet, à travers la profonde transformation paysagère et écologique qu'elle a provoquée, de susciter des réactions critiques de la part de la population non agricole. Un des conflits marquants des dernières décennies dans la région a opposé, dans les années 1980, le monde agricole aux autres usagers de l'espace rural à propos des modes d'exploitation du Ried centre Alsace. Nous y reviendrons.

Du point de vue social, le paysage est également contrasté, faisant se côtoyer :

– des exploitations ayant pu saisir les opportunités de la modernisation, comme certaines fermes-auberges facilement accessibles le long de la route des crêtes vosgiennes, des exploitations céréalières dans la plaine ou des exploitations viticoles, et quelques rares exploitations d'élevage.

– des exploitations de complément, gérées par des double-actifs ayant repris les terres de leurs parents ou par des retraités.

– des exploitations « moyennes » issues de la polyculture-élevage, engagées dans un processus de spécialisation, mais qui n'ont pas pu atteindre la masse critique permettant un fonctionnement confortable. Ces agriculteurs se présentent souvent en situation de stress voire de détresse et sont très sensibles aux critiques sociales.

– des exploitations en rupture avec le modèle industriel « classique ». Cette catégorie semble elle-même très hétérogène, dans la mesure où l'on y trouve d'une part des agriculteurs en rupture idéologique avec le modèle dominant (typiquement les agriculteurs biologiques) et des agriculteurs cherchant à regagner des parts d'autonomie dans le cadre du modèle industriel, notamment par le développement des filières courtes aujourd'hui soutenues par la Chambre d'agriculture.

Il nous semble que cette dernière catégorie d'agriculteurs est révélatrice d'une évolution significative de l'agriculture régionale dans la mesure où elle intègre des tendances essentielles de l'évolution de la société globale. Après plusieurs décennies de modernisation agricole qui ont eu pour effet paradoxal de rapprocher le mode de vie agricole du mode de vie urbain, et, dans le même temps, d'éloigner le monde urbain des connaissances et des conditions agricoles, l'on assiste, semble-t-il, à une tentative de reconstruction de liens entre ces deux entités. Ce mouvement, sur fond de préoccupations environnementales, s'initie aussi bien dans le monde agricole, avec notamment la volonté de développement des circuits courts, et dans le monde urbain. Un exemple significatif : la convention signée en avril 2010 entre la Chambre d'agriculture et la Communauté urbaine de Strasbourg[7] (CUS) visant à développer une agriculture périurbaine orientée autour des besoins de l'agglomération. Cette convention vise en substance à préserver les terres agricoles de l'urbanisation et à réorienter les pratiques culturales issues de la PAC (aujourd'hui 50 % des 10 000 ha de Surface agricole utilisée (SAU) sont cultivés en maïs) vers des systèmes de production et de diffusion locaux tels que le maraîchage, si possible biologique, qui ne représente plus que 4 % de la SAU. L'objectif annoncé par la CUS est aussi de contribuer à produire un paysage périurbain de meilleure qualité esthétique et sanitaire afin d'offrir un cadre de vie agréable aux habitants. Une telle démarche s'inscrit dans une volonté de la population urbaine, à travers ses « représentants » associatifs ou élus, de se réapproprier d'une certaine manière l'espace rural en ayant la possibilité d'intervenir sur les pratiques agricoles qui jusque-là étaient essentiellement du fait de la seule profession agricole.

[7] Sources : Conseil de la Communauté urbaine de Strasbourg, séance du 9 avril 2010.

Le Ried : un exemple de préoccupation écologique

Pour illustrer cette tendance générale, nous allons présenter une analyse effectuée à propos du conflit ayant eu lieu dans le Ried il y a quelques années et qui met en évidence les enjeux de gestion de l'espace rural portés par des acteurs aux préoccupations et prérogatives radicalement différentes. Cet exemple s'inscrit à notre sens dans une tendance lourde qui montre la montée en puissance de la préoccupation environnementale et la relativisation du monopole de la gestion de l'espace rural par la profession agricole. Mais les modalités décrites ici ne s'appliquent bien entendu pas de la même manière dans toutes les régions agricoles.

Nous pensons pouvoir affirmer, à la suite de l'analyse réalisée dans le Ried, que, pour cette microrégion, le mode de gestion de l'espace rural est passé progressivement d'une dominante agricole à une dominante écologique[8]. La présentation que nous ferons de ces trois modes de gestion est idéaltypique (Weber, 1965) dans la mesure où elle s'attache à dégager leurs traits les plus caractéristiques afin de faciliter la compréhension, sans que ces traits ne se retrouvent nécessairement de manière aussi évidente dans la réalité. Les périodes que nous affectons à ces modes de gestion (les années 1950 pour la gestion communautaire agricole, la période 1960-1970 pour la gestion corporatiste agricole, à partir de la décennie 1980 pour la gestion collective écologique) sont relativement arbitraires dans la mesure où les types de gestion sont interpénétrés dans le temps et selon les communes considérées. Il s'agit davantage de montrer le sens de l'évolution que de la fixer dans des pas de temps très précis.

Le passage d'une gestion à dominante agricole à une gestion à dominante écologique n'est pas spécifique au Ried, il a été analysé dans d'autres régions, mais il reste lié à un certain potentiel écologique susceptible de justifier une telle évolution. Les régions qui ont connu une reprise en charge par la collectivité de la gestion de leur espace rural présentent toutes un intérêt écologique considéré comme important. Nous avons bien à faire à des interactions entre la nature et la société dans le cadre d'un socio-écosystème. Dans le Ried, il s'agit du résultat d'une modification de la composition sociologique d'une région et, par voie de conséquence, d'une nouvelle forme d'interaction entre la société et la nature qui implique une plus grande diversité d'acteurs dans la gestion d'un espace devenu collectif malgré son statut majoritaire de

---

8 Ceci ne signifie pas que les préoccupations non agricoles (esthétiques ou naturalistes) aient été absentes jusque-là. Elles ont sans doute existé de tout temps (y compris au sein du monde paysan), mais nous considérons que leur structuration est récente et justifie cette présentation particulière.

propriété privée appartenant (ou étant géré comme tel à travers les baux ruraux) au groupe des endoruraux agriculteurs.

La gestion communautaire agricole

Nous avons qualifié ce mode de gestion de « communautaire agricole » en raison d'une part de la forte prédominance des objectifs agricoles dans les déterminants de la gestion de l'espace, d'autre part de l'implication de la quasi-totalité de la population de la cellule sociale de référence (la commune) dans cet objectif. La gestion communautaire agricole « idéaltypique » (telle qu'elle a été pratiquée au XIXe siècle) ne se rencontre plus que de manière partielle dans les années 1950, mais on trouve encore à cette époque un certain nombre d'éléments caractéristiques qui vont définitivement disparaître lors de la modernisation. Les travaux de Juillard (1992) notamment montrent que, traditionnellement, la gestion de l'espace rural, que l'on peut assimiler à l'espace communal, est le résultat d'une démarche collective intéressant pratiquement tous les habitants du village. Les travaux de la terre sont majoritaires dans le village et sont subordonnés à des localisations et des rythmes collectifs. Il s'agit de l'assolement obligatoire qui imposait le type de production sur les finages en fonction de la rotation collective des cultures, des récoltes en commun (le ban des moissons), la fenaison collective des prairies communales, de la vaine pâture sur l'ensemble des terres d'une sole, ou encore de l'entretien collectif des canaux de drainage. Cet ensemble de décisions et de travaux collectifs concernant une communauté villageoise avait bien une vocation et un objectif d'usage agricole de l'espace dont l'unité de base était constituée par le territoire communal, d'où notre appellation de gestion communautaire agricole.

Certes, par rapport à ce modèle traditionnel, des changements importants, liés à la mécanisation, à la démographie et à la modification du rapport numérique entre les classes sociales, sont intervenus au cours du XIXe et plus encore dans la première moitié du XXe siècle. Mais, jusque dans les années 1950, les réminiscences[9] d'un mode de vie dominé par l'agriculture sont encore présentes dans nombre de communes riediennes, surtout celles placées à l'écart des axes de circulation interurbains. La vie municipale est encore globalement menée par les agriculteurs, les décisions des conseils municipaux que nous avons recensées

[9] Dans les années 1950, il convient de parler plutôt de réminiscences d'un monde agricole que de ce qui représenterait l'idéaltype du monde paysan, tant les changements intervenus dans la société rurale à cette époque sont déjà importants. Malgré cela, et compte tenu des changements encore plus importants qui vont intervenir au cours des décennies 1960-1970, nous pensons pouvoir rattacher ce mode de gestion de l'espace à celui du monde paysan « idéaltypique ».

dans les années 1950 et qui concernent l'espace communal, sont encore dominées par les questions agricoles. Selon Schwab (1983), l'espace de vie des paysans, qui sont globalement majoritaires dans le monde rural à cette époque, est essentiellement centré sur la commune d'habitation et sur quelques communes avoisinantes :

> L'espace de travail et celui de la vie sociale sont centrés sur la petite cellule formée de son village et des communes voisines avec lesquelles existent des relations suivies. Son long enracinement dans cet espace et sa qualité de propriétaire donnent à l'agriculteur un véritable complexe de supériorité sur les autres classes sociales. L'espace de travail est complété par une aire plus ou moins étendue de relations économiques. Dans un exemple pris dans le nord du Grand Ried, il s'inscrit dans un rayon d'une douzaine de kilomètres et rassemble des villages centres comportant des services divers [...] utilisés régulièrement. (Schwab, 1983 : 375)

Ceci montre que le réseau de relations et l'espace professionnel sont fortement territorialisés et sont forcément liés aux espaces (sociaux et physiques) des autres membres de la communauté villageoise qui mènent un mode de vie identique. Jusqu'au lendemain de la Seconde Guerre mondiale, la société rurale est majoritairement agricole et en tous les cas, l'on voit encore nettement, à travers les délibérations des conseils municipaux, que si des préoccupations non agricoles apparaissent, elles concernent essentiellement l'amélioration des conditions de vie dans l'enceinte « urbaine » du village (assainissement, lotissements, écoles, etc.). S'agissant des décisions relatives à l'espace non bâti, elles relèvent encore très majoritairement d'objectifs agricoles et, pour les communes agricoles, elles concernent souvent l'ensemble du territoire (alors que dans la phase suivante elles ont tendance à se concentrer sur les seuls biens communaux).

En résumé, jusque vers les années 1950, nous sommes encore en présence (de manière relictuelle) d'une gestion de l'espace communal commandée par des impératifs agricoles et qui met en jeu une part importante de la population villageoise ainsi que le conseil municipal. À cette gestion correspond un milieu qui conserve encore les marques de ce mode de gestion quand il était pratiqué de manière plus « orthodoxe », à savoir notamment les reliquats des grands pâturages humides et leurs espèces faunistiques et floristiques typiques. Par ailleurs, le nombre important de paysans, la faiblesse des moyens techniques et la « micro-gestion » appliquée à un grand nombre de parcelles ont permis le maintien d'une relative diversité biologique dans un Ried qui va bientôt devenir un enjeu écologique et paysager.

Mais, sous la pression des changements démographiques, sociologiques et techniques, cette organisation socioécologique va rapidement évoluer vers un mode de gestion dont la dominante restera agricole, mais qui mettra en jeu une part minoritaire de la population.

La gestion corporatiste agricole

À partir des années 1950-1960, va se mettre en place une véritable organisation de l'agriculture qui se transforme de plus en plus en un milieu professionnel à l'instar d'autres métiers de la société. La réorganisation des mouvements agricoles au niveau national après la Seconde Guerre mondiale et la création des grands syndicats (FNSEA, CDJA) va contribuer à impulser, notamment à travers la cogestion, la rationalisation et l'industrialisation de l'agriculture. La stratégie a eu comme souci et pour effet de mettre en place une agriculture « moderne » et productiviste, en rupture avec l'image du paysan traditionnel.

Cette évolution va également se décliner au niveau régional. La Chambre d'agriculture du Bas-Rhin est (re)créée en 1952, mais les principaux services (formation, conseillers agricoles) ont été mis en place en 1966-1967[10]. Le dépouillement des sessions de la Chambre d'agriculture de 1966 à 1970 montre les efforts faits par les responsables de la profession pour favoriser une agriculture compétitive et professionnelle. Une des préoccupations importantes est le remembrement qui doit quasiment être imposé aux agriculteurs et plus tard aux communes. Un service foncier est créé pour assurer la vulgarisation et l'information dans ce domaine. Ainsi, le programme de 1967 prévoit 6 926 ha de terres à remembrer contre 4 969 ha en 1966 :

> Les demandes de remembrement devenant moins nombreuses malgré le grand nombre de communes restant à remembrer, une intensification de la prospection et de l'information s'impose. À cet effet, des réunions ont été tenues avec messieurs les sous-préfets en vue de les associer à l'établissement des programmes futurs. Messieurs les sous-préfets appuieront notre action de prospection en rappelant aux maires la nécessité du remembrement. Il a également été convenu qu'avant chaque campagne de prospection, une réunion commune Chambre d'agriculture-FDSEA-CDJA aurait lieu pour coordonner l'ensemble des efforts[11].

Les difficultés rencontrées pour procéder aux remembrements sont liées aux réticences des agriculteurs eux-mêmes, mais également, de plus en plus, au manque d'intérêt que présente cette procédure pour des communes dont la majorité de la population n'est plus agricole. Face à cette situation, les organisations agricoles recherchent des moyens pour imposer leur logique :

---

10 Sources : service de documentation de la Chambre d'agriculture du Bas-Rhin.

11 Session de la Chambre d'agriculture du Bas-Rhin du 7.6.1967, compte rendu de la deuxième commission spécialisée (remembrement).

M.B. informe la Chambre de la décision de la dernière commission d'équipement ; des crédits de la voirie rurale ont été supprimés pour une commune qui avait refusé d'engager les opérations de remembrement, alors que son inscription à un programme était possible. Le principe retenu mérite d'être appliqué à l'avenir à des cas similaires.

M.H. souligne que les difficultés rencontrées pour déclencher le remembrement résultent du fait que l'on a affaire de plus en plus souvent à des communes à majorité non agricole. Il estime que la demande de remembrement émanant d'un groupe d'agriculteurs devrait être prise en considération.

M.Be., secrétaire général du Bas-Rhin, précise que l'Administration étudiera la possibilité de faire effectuer le remembrement d'office en cas de demande présentée par un groupe d'exploitants agricoles, mais s'il y a carence du conseil municipal[12].

Parallèlement à cette campagne active en faveur du remembrement qui, dans notre perspective, marque déjà la mise en œuvre d'une gestion à logique uniquement agricole par un groupe social structuré en groupe professionnel, se mettent en place d'autres mécanismes et structures qui contribuent à organiser la gestion agricole de l'espace.

Il s'agit de la Société d'aménagement foncier et d'établissement rural (SAFER), créée en 1963, dont le but est de faciliter l'acquisition des terres par les exploitants. Cette structure contribue également à la mainmise progressive de la profession agricole sur l'espace rural en devenant une sorte de fer de lance du monopole face aux non-agriculteurs.

Dans le même ordre d'idées, il faut noter le rôle des baux ruraux qui confèrent à l'agriculteur locataire un quasi-statut de propriétaire. L'emprise des agriculteurs sur l'espace rural est ainsi facilitée par des mesures spécifiques.

Par ailleurs, se mettent en place des structures de formation et de diffusion des innovations dans le domaine de la modernisation des exploitations. Un foyer du progrès agricole est installé à Sélestat en 1962 par transfert de la « zone témoin du Ried » sud créée à Sundhouse-Saasenheim en 1956[13]. En 1965 est créé le Groupement de développement agricole (GDA) de Sélestat. Les missions de ce GDA sont toujours la modernisation agricole par des actions de formation et de sensibilisation, et l'incitation au remembrement. Ces services « officiels » de l'agriculture, qui dépendaient de la Chambre d'agriculture à partir des

12 Procès verbal de la session ordinaire de la Chambre d'agriculture du Bas-Rhin du 15.12.1967, p. 22.

13 Source : communication personnelle de M.F., agent technique, technicien puis conseiller agricole dans le Ried sud à partir de 1952.

années 1960, travaillaient en étroite collaboration avec le syndicat agricole (l'agent technique de la zone témoin était également secrétaire de la section locale du syndicat) qui faisait aussi de la vulgarisation aux côtés du conseiller agricole. La FDSEA a d'ailleurs pris le contrôle de la Chambre d'agriculture du Bas-Rhin à partir de 1974. Ces actions de vulgarisation ont été relativement efficaces et se sont traduites par des modifications des pratiques culturales, notamment le développement de la culture du maïs (au détriment des prairies) en tant que substitut fourrager de l'herbe, et qui a fait l'objet de premiers essais et « d'actions ensilage » dès les années 1950.

Ces modifications du milieu n'ont globalement pas suscité d'importantes réactions dans la population non agricole jusque dans les années 1980, même si les naturalistes se sont inquiétés de la disparition de la flore prairiale du Ried dès les années 1960.

> Il y avait parfois des oppositions au retournement des prés de la part des vieux agriculteurs, mais de la part de la population : rien, sauf à partir des années 1980.

> Dans les années 1960-70, les non-agriculteurs ne s'occupaient pas tellement du remembrement, ils ne s'opposaient pas vraiment. Ils ne s'intéressaient pas trop à ce qui se passait dans les champs, sauf ceux qui étaient issus des milieux agricoles. L'opposition au retournement des prés a commencé à partir de 1978-80[14].

Du côté des décisions des conseils municipaux, on note, à partir de 1970, une diminution des décisions agricoles relatives à l'ensemble du territoire communal et l'apparition de décisions environnementales suscitées par des tiers. Tout se passe comme si, à partir du moment où les organisations agricoles se mettent en place, transformant le monde de l'agriculture en un groupe professionnel, elles s'approprient l'espace rural et le transforment en un espace professionnel à vocation uniquement agricole, sans que le reste de la population, devenue majoritaire dans cet espace, n'intervienne dans cette gestion. C'est ce mode de gestion que nous avons appelé gestion corporatiste agricole, car elle est le fait d'un groupe unique et poursuit un objectif et une rationalité uniques de production agricole dans le cadre d'une filière technique verticalisée. Le milieu correspondant à ce mode de gestion est globalement la quasi-monoculture de maïs qui a considérablement réduit la diversité biologique antérieure, y compris dans la pratique de fauche des prairies restantes.

[14] Témoignages de deux conseillers agricoles du Ried (recueillis en 1993).

Pourtant, la population d'épiruraux[15] va peu à peu considérer cet espace comme un lieu de détente, de ressourcement et de loisirs. Il va devenir un paysage dont la fonction principale, aux yeux de cette population, n'est pas nécessairement la production agricole, mais celle-ci est plutôt un moyen pour produire le type de paysage attendu.

La gestion collective écologique

Plusieurs faits nouveaux apparaissent dans le Ried (et ailleurs) à partir des années 1980 et ont tendance à s'accentuer depuis 1990. Il s'agit tout d'abord de l'apparition de la problématique environnementale en tant que telle et gérée de plus en plus par des structures professionnelles. L'activité naturaliste relativement élitiste du début des années 1960 s'est muée en mouvement social qui recueille un certain crédit dans la population, mais aussi auprès des collectivités qui mettent en place des services spécifiques.

Les conflits autour de l'aménagement de l'Ill domaniale, suscités par les associations de protection et d'usagers de la nature, marquent la décennie 1980 en même temps qu'ils dessinent un renversement des rapports de force en faveur de la préservation de l'environnement. En effet, les associations, soutenues par une partie non négligeable de la population grâce au large débat public qu'a provoqué ce projet, obtiennent en partie gain de cause pour l'aménagement de l'Ill, et surtout, contribuent à porter le débat sur les objectifs de gestion du Ried (schématiquement : maïsiculture *versus* prairies). Dans le même mouvement, le Conservatoire des sites alsaciens intensifie ses actions d'acquisition dans le Ried en lançant une souscription publique régionale et en obtenant le soutien financier (et donc également une forme de légitimation) des collectivités territoriales et de l'État.

Dans les communes, on note l'apparition de décisions relatives à l'environnement et celles-ci prennent le dessus sur les décisions agricoles. Elles sont à la fois liées aux actions des associations de protection de la nature et des collectivités supracommunales, mais émanent également de l'initiative propre de la municipalité, rendant compte d'une

15 Du point de vue de la relation concrète à la nature, on peut distinguer deux types de rapport principaux. Certains groupes vivent concrètement *dans* et *de* l'espace naturel, ce sont par exemple les agriculteurs ou les forestiers ; ils sont, de ce point de vue, immédiatement intégrés au système. Nous les appelons les *endoruraux*, en référence à leur intégration concrète dans un espace (rural). À l'opposé, il existe des groupes, qui habitent soit dans cet espace, soit à l'extérieur, qui n'ont pas une relation immédiate (écologique) à celui-ci, mais qui n'en exercent pas moins une influence sur son mode de gestion, soit de l'intérieur de la société locale, soit de l'extérieur ; nous les appelons les *épiruraux*. Plutôt que de vivre dans un milieu, ils vivent dans une image, dans l'image qu'ils se font de leur environnement.

certaine manière de la prise de pouvoir des non-agriculteurs au sein des conseils municipaux. Les Plans d'occupation des sols (POS), de la responsabilité des communes depuis les lois de décentralisation (1982-1983), témoignent également de cette volonté de prise en compte des aspects environnementaux, stimulée il est vrai par les chargés d'études et les associations. Les rapports de présentation des POS insistent généralement sur la nécessaire préservation du Ried et classent les secteurs prairiaux en zone naturelle à préserver. S'agissant de mesures d'urbanisme, elles n'induisent toutefois pas des règles de gestion de l'espace au sens où nous les entendons ici.

Il est un autre fait qui revêt en revanche une grande importance dans la modification de ces règles de gestion. C'est l'apparition des collectivités supracommunales et de l'État dans la gestion de l'espace rural sous l'angle environnemental, confirmant en quelque sorte que le niveau territorial pertinent dépasse le cadre communal strict. Le cas le plus flagrant est la mise en œuvre par le Conseil régional, de la Charte des zones inondables de l'Ill qui permet, grâce aussi aux crédits européens liés à la réforme de la PAC, de disposer de moyens financiers pour réorienter la gestion de l'espace dans un sens écologique où l'agriculture est davantage un moyen qu'une fin. Certaines communes ont utilisé ces possibilités pour reprendre en charge en partie la gestion de leur territoire communal. Ainsi, Sélestat a obtenu la reconversion de 90 ha de terres labourées en prairies depuis 1990.

Dans le cadre de cette requalification du Ried en fonction d'objectifs paysagers et naturalistes apparaissent d'autres enjeux économiques non agricoles par exemple dans les stratégies de développement local reposant entre autres sur le tourisme. En 1985 est créée l'Association pour le développement de l'Alsace centrale (ADAC), structure d'animation et de coordination des initiatives locales. Le paysage riedien devient une image emblématique de l'espace rural et on lui reconnaît un potentiel de valorisation touristique. L'association Grand Ried, constituée en 1987, a pour objectif de développer un tourisme diffus conciliant la recherche d'activités nouvelles, le maintien des populations rurales et la préservation de l'environnement.

Cette période est marquée par l'apparition de nouveaux acteurs qui tentent d'imposer une nouvelle destination à un espace jusque-là géré par et pour les agriculteurs. Le modèle de référence est la préservation ou la restauration de la diversité biologique, de la qualité paysagère et de la qualité de l'eau potable de la nappe phréatique, déterminé en fonction de données produites par des organismes scientifiques et associatifs indépendants des organisations agricoles, et de la demande sociale paysagère de plus en plus insistante. En raison de la reprise en charge de la gestion de l'espace par des organismes publics ou représentant une partie du public comme les associations (c'est-à-dire par la collectivité, différente de la communauté des années 1950), de la fonction écologique et paysagère assignée à cet espace, nous avons placé cette période sous le signe de la gestion collective écologique.

Nous avons cherché à montrer à grands traits, et sous un angle sociologique, les principales tendances de l'évolution de l'agriculture en Alsace. La période actuelle semble marquée, notamment du fait de la montée en puissance de la préoccupation environnementale, par un regain d'intérêt de la population urbaine pour la question agricole. Ceci se traduit en particulier par une sorte de sédimentation critique, y compris au sein du monde agricole lui-même, de la course à l'industrialisation et à la productivité issue de la phase de modernisation. Le développement des AMAP (Association pour le maintien de l'agriculture paysanne) dans les périphéries des villes, la volonté affichée par la Chambre d'agriculture de soutenir les circuits courts sont autant de signes qui semblent annoncer une nouvelle forme de mutation agricole vers une relocalisation des productions et leur réinsertion dans le tissu social local[16]. L'agriculture biologique s'est inscrite de longue date, et de manière pionnière, dans cette logique. Elle semble profiter aujourd'hui de cette évolution.

Bibliographie

Georgescu-Roegen, N., *La décroissance. Entropie, écologie, économie*, Paris, Sang de la Terre, 1979.

Juillard, E., *La vie rurale en Basse-Alsace*, Strasbourg, Presses universitaires de Strasbourg, 1992.

Mendras, H., *La fin des paysans*, Arles, Actes Sud, 1984.

Miquel, P., *La France et ses paysans*, Paris, L'Archipel, 2004.

Muller, P., Faure, A., Gerbaux, F., *Les entrepreneurs ruraux : agriculteurs, artisans, commerçants, élus locaux*, Paris, L'Harmattan, 1989.

Schwab, R., « La grande mutation des campagnes alsaciennes », in Boehler, J.M., Lerch, D., Vogt, J. (dir.), *Histoire de l'Alsace rurale*, Strasbourg, Istra, 1983, p. 363-396.

Weber, M., *Essai sur la théorie de la science*, Paris, Plon, 1965.

[16] Il s'agit ici d'une tendance, qui est loin de remettre en cause dans l'immédiat le modèle dominant qui reste basé sur la logique industrielle et productiviste.

CHAPITRE 2

L'agriculture bio aujourd'hui et ses perspectives

Michel STREITH
Chargé de recherche CNRS, laboratoire LADYSS

Daniel SCHMIDT
Président de l'Organisation professionnelle de l'agriculture biologique en Alsace (OPABA)

L'Alsace fait partie des régions en pointe en matière de développement de l'agriculture biologique[1]. Le nombre d'exploitations certifiées en bio ou en cours de conversion a plus que doublé entre 2000 et 2008, passant de 140 à 289. La progression est quasiment équivalente en ce qui concerne les surfaces. Avec 3,6 % de sa Surface agricole utile en bio, l'Alsace est à la troisième place des régions françaises derrière la Provence et le Languedoc.

L'évolution des conversions ne suit pas une courbe régulière. Deux périodes ont vu une hausse importante des engagements dans l'agriculture bio. La première va de 1998 à 2001. Elle est due aux effets conjugués d'une mesure d'aide mise en place à l'échelon national, les Contrats territoriaux d'exploitation (CTE), et de la création d'une filière lait bio par l'industrie agroalimentaire. La seconde court depuis 2008. Elle est le résultat de multiples facteurs qui tiennent tout autant à des changements sociaux dans les manières de vivre et de consommer qu'à des injonctions ou des incitations politiques, ou à des réorientations des pratiques agricoles comme la prise en compte des préoccupations environnementales, notamment en viticulture. Entre ces deux périodes ont alterné des années de hausse et de baisse du nombre de conversions.

---

1 Les données chiffrées insérées dans ce chapitre sont extraites du document « Observatoire de la production biologique en Alsace, 2008, *Les chiffres de 2008*, Colmar, OPABA » qui présente un panorama complet de l'agriculture biologique en Alsace à l'aide de statistiques commentées et de cartes. Il est publié par l'Organisation professionnelle de l'agriculture biologique en Alsace (OPABA) et consultable sur le site www.opaba.org.

Au-delà de ces données quantitatives et de ces explications générales, il existe des traits caractéristiques du développement de l'agriculture biologique alsacienne qui permettent de comprendre plus finement les évolutions constatées.

Une affaire de filière

L'agriculture biologique alsacienne est portée depuis plus de dix ans par deux secteurs : la viticulture et l'élevage laitier. Les deux tiers des exploitations bios alsaciennes appartiennent à ces filières. Cette emprise s'est faite en deux temps. Entre 1998 et 2002, c'est le secteur laitier qui s'est progressivement mis au bio par l'intermédiaire d'une coopérative. Ce phénomène a eu pour conséquence une augmentation de 147 % des surfaces herbeuses durant ces quatre années. Aujourd'hui, 75 % des surfaces bios d'Alsace sont consacrées à l'élevage. Nous analyserons dans le chapitre 6 de notre ouvrage comment l'essor de l'élevage laitier bio en Alsace repose sur une dynamique d'incitations économiques de la part de l'industrie agroalimentaire qui prennent appui sur des dispositifs sociaux et techniques locaux transmis depuis plusieurs générations d'éleveurs.

La vigne a pris le relais à partir de 2002. La progression du bio s'est traduite par une augmentation du nombre d'exploitations en conversion. Plus de 50 % du total des exploitations en conversion en Alsace depuis 2002 émanent du secteur viticole. Comme nous le montrerons dans le chapitre 4, la forte progression du bio dans ce secteur a été facilitée grâce aux savoirs techniques et sociaux acquis dans des collectifs de type associatif qui ont agi comme des leviers de conversion.

Une affaire de relief

Le développement du bio en Alsace est affaire de relief. Nous constatons une très forte spécialisation territoriale. La viticulture est présente dans le piémont vosgien, avec une prédominance dans le Haut-Rhin. La zone de colline au nord du Bas-Rhin dite « Alsace bossue » renferme la majorité des élevages laitiers bios mais également des élevages bovin-viande et, plus inattendu, mais compréhensible à l'examen des systèmes de production, des cultures céréalières dans la mesure où les éleveurs de bovins laitiers en bio autoproduisent leurs aliments pour le bétail.

Le bio n'a pas encore fait son apparition dans la plaine, hormis quelques exploitations légumières. Nous sommes en présence d'une dualité qui ne tient pas à un quelconque déterminisme géographique, mais à la question du retard des grandes cultures céréalières dans les processus d'écologisation des pratiques agronomiques. Le premier chapitre de notre ouvrage montre cependant qu'il existe des tentatives de prise de conscience des questions environnementales en plaine, à partir d'une approche micro-régionale. Ainsi, l'exemple du Ried signale la volonté des collectivités territoriales, des pouvoirs publics et des populations de protéger des zones à fort potentiel floristique et faunistique. L'agriculture biologique trouve sa place dans ce type de projet.

D'une manière générale, les perspectives de développement de l'agriculture biologique en plaine d'Alsace, telles qu'elles peuvent être énoncées à partir de la situation actuelle, ne seront pas le fait de l'activité agricole proprement dite. À moins d'une crise majeure, on ne voit pas comment les modes de culture du maïs pourraient changer. Le système conventionnel offre des garanties de rendements agronomique et financier indéniables. À court terme, la progression des surfaces en bio en plaine sera le résultat d'actions concertées plus globales tels la protection de la nappe phréatique, le développement de zones agricoles expérimentales en milieu périurbain ou la création de territoires à haute valeur environnementale.

Une affaire de potentiel

Le bio possède un fort potentiel de développement dans certaines filières où s'observe un écart entre la demande sociale locale et les offres fournies par les agriculteurs. L'examen des modes de consommation offre un éclairage intéressant sur les possibilités de développement de l'agriculture biologique. Il existe trois secteurs susceptibles de stimuler la production : les légumes, les porcs et les œufs.

La demande en légumes bios est importante. Elle émane d'une clientèle s'approvisionnant en circuits courts ou dans le cadre de structures alternatives type AMAP (Association de maintien de l'agriculture paysanne) ou coopérative d'achat. Un autre phénomène a fait son apparition récemment, il s'agit de l'introduction d'un pourcentage d'aliments bios dans la restauration scolaire. Cette initiative est promue et soutenue par les collectivités territoriales (Département, Région) et est à même d'offrir des débouchés aux agriculteurs. Le volume de légumes bios cultivés en Alsace s'élève à 4,4 % de la production alsacienne, cela demeure insuffisant pour répondre aux enjeux des changements de consommation.

Le secteur porcin possède également une marge de manœuvre élevée en termes de développement d'une filière bio. Les Alsaciens sont de grands consommateurs de charcuterie, or l'élevage de porcins labellisés bios produit régionalement est confidentiel. Seuls 9 producteurs étaient recensés en 2008, dont 6 élevant moins de dix porcs. La situation est identique en ce qui concerne la filière des œufs bios. Le produit jouit d'une bonne image auprès des consommateurs et le faible différentiel de prix d'achat avec l'œuf « conventionnel » en fait un produit « d'appel ». Mais, la production d'œufs bios en Alsace est dérisoire. Elle représente 0,08 % de la production régionale. Il existe donc une forte marge de croissance.

Au-delà de ces considérations comptables, il convient de mentionner l'existence, en Alsace, d'un fort potentiel humain qui prend la forme d'un investissement conjoint des agriculteurs et des institutions dans le développement des modes de production en bio. L'agriculture bio jouit d'une bonne image au sein et en dehors de la profession agricole. Nous sommes dans une dynamique intégrée, avec des processus de développement diversifiés. Plusieurs chapitres de notre ouvrage analysent ce processus. Ainsi, le chapitre 8 souligne l'existence de deux manifestations du bio alsacien, une foire et un salon, regroupant des sensibilités différentes, mais proposant une lecture complémentaire des relations et des évolutions entre les dimensions sociales, économiques et institutionnelles de l'agriculture bio. Le chapitre 9 montre comment les agriculteurs parviennent à imprimer leur marque aux formations instituées, en infléchissant leurs objectifs et leurs contenus. D'une manière générale, comme le souligne le chapitre 10, les actions de développement sont tantôt pilotées par les institutions, tantôt par les individus, mais cette diversification, loin d'être un handicap en dépit des tensions qu'elle peut générer, est un gage d'adaptabilité et explique en grande partie les bons résultats de l'agriculture bio alsacienne.

Deuxième partie

Sens et émotions

CHAPITRE 3

Les émotions dans l'action sociale et dans l'exercice du métier

Denise VAN DAM

Chargée de cours aux Facultés universitaires Notre-Dame de la Paix à Namur

L'agriculture bio est une affaire d'émotions. Étonnant ? Oui, si on la considère comme une modalité de production agricole parmi d'autres. Non, si on la découvre comme une profession positivement choisie et comme un acte de résistance contre l'agriculture dominante. C'est du rôle des émotions, dans cette double identité de l'agriculture bio – professionnelle et sociétale – que cette contribution va traiter. À la suite des travaux de Gendron et Turcotte (2006) et de Gendron, Vaillancourt, Audet (2010), nous considérons l'agriculture biologique comme un « nouveau mouvement social économique » (NMSE). En effet, depuis ses origines, l'agriculture bio comporte deux volets : elle se profile à la fois comme un mouvement social et comme une méthode alternative de production agricole. Ainsi, elle plonge ses racines dans deux secteurs de la société : celui de la contestation (volet social) et celui de la production (volet économique).

Ce chapitre s'articule autour de deux questions centrales. La première concerne la « culture émotionnelle » des agriculteurs bios alsaciens : quelles émotions les agriculteurs bios ressentent-ils, et avec quelle intensité, tant dans leurs actes de contestation (volet social) que dans leur activité professionnelle (volet économique) ? La seconde a trait aux rapports entre les deux volets du mouvement : dans quelle mesure les émotions ressenties de part et d'autre convergent-elles ou, au contraire, divergent-elles ?

La réhabilitation des émotions dans les sciences humaines

La sociologie des mouvements sociaux a réfuté pendant longtemps le rôle constructif des émotions dans l'action collective. Celles-ci étaient considérées comme des éléments irrationnels, perturbateurs, nuisibles à l'efficacité de l'action. Elles étaient reléguées vers la psychologie. Récemment toutefois, plusieurs chercheurs se sont penchés sur le rôle des émotions dans la protestation contre les injustices, dans la création et la cohésion d'un mouvement social et dans la défense des valeurs. Ainsi, Jasper (2005) s'intéresse à ce qu'il appelle la culture émotionnelle d'un mouvement social, qu'il définit comme un ensemble d'émotions que les membres ressentent l'un vis-à-vis de l'autre et à l'égard de l'extérieur. Les premières concernent les sentiments que les membres du mouvement ressentent à l'égard des autres participants du mouvement, tels que l'amitié, l'amour, la solidarité, la loyauté. Elles constituent ce que Goodwin (1997) appelle « l'économie libidinale » d'un mouvement, qui procure le plaisir dans la protestation. Les secondes sont des émotions que les membres du mouvement ressentent à l'égard des acteurs auxquels ils s'opposent, tels que le dégoût, la colère, l'indignation, le mépris. Ces émotions se renforcent mutuellement et constituent la culture du mouvement.

Cette réhabilitation des émotions trouve son équivalent dans le domaine de la psychologie du travail. De même que les sociologues des mouvements sociaux, des psychologues tels que Garcia-Prieto, Tran, Wranik (2005 : 195-222) s'intéressent au « climat émotionnel » qui caractérise les groupes et les organisations. Ils font l'hypothèse que

> les membres d'une organisation, du fait qu'ils partagent le même environnement social (par exemple la structure de l'organisation, le type de leadership, le type de réseaux, et les conditions physiques de travail) et des expériences communes, développent ainsi des valeurs, des motivations, des buts, des besoins, des croyances et des attitudes similaires. Ces composantes contribuent à leur tour à l'émergence de dispositions et d'évaluations cognitives communes, qui produiront des émotions similaires en réponse à des événements spécifiques.

Autrement dit, des perceptions et des évaluations communes produisent des émotions communes ; les premières sont donc bien des préconditions de la génération d'un climat émotionnel commun.

Regardons à présent ce que les auteurs entendent par émotions. Luminet (2008 : 27-28) voit dans les émotions un système à trois composantes : des réactions physiologiques, des réactions comportementales et expressives et enfin, des réactions cognitives et expérientielles. Les premières concernent par exemple les changements du rythme cardiaque, les deuxièmes l'expression faciale, les gestes, la posture, la voix et enfin les troisièmes s'expriment par les mots. Garcia-Prieto, Tran et Wranik (2009) proposent quatre classes d'émotion qui ont la particularité de partager des schémas d'évaluation cognitive et des tendances à l'action : les émotions d'accomplissement, les émotions d'approche, les émotions de résignation et les émotions antagonistes. L'encadré ci-dessous les présente brièvement.

Les quatre classes d'émotions

Les émotions d'accomplissement comprennent la fierté, l'exaltation, la joie et la satisfaction. Elles ont lieu lorsque la personne a accompli quelque chose personnellement ou professionnellement et qu'elle a un désir de célébrer cela avec d'autres.
Les émotions d'approche comprennent le soulagement, l'espoir, l'intérêt et la surprise. Elles sont ressenties lorsqu'on est attentif, alerte, en phase d'exploration, désireux d'apprendre en se réjouissant du futur.
Les émotions de résignation comprennent la tristesse, la peur, la honte et la culpabilité. Elles sont ressenties lorsqu'on vit une perte personnelle (ex. le décès d'un proche) ou professionnelle (ex. la perte de son emploi).
Les émotions antagonistes comprennent l'envie (ou la jalousie), le dégoût, le mépris, la colère. Elles sont ressenties lorsque l'on estime que soi ou les siens sont attaqués, moralement ou physiquement, et que la cause de cette attaque est injuste.

Source : d'après Garcia-Prieto, Tran et Wranik (2009 : 195-222)

Travailler sur les émotions suppose que l'on combine la collecte de données verbales (voir méthodologie) et l'observation de comportements non verbaux. À propos de ces derniers, Fiske (1990 : 68-70) distingue 10 indicateurs non verbaux : contact corporel, proximité corporelle, orientation corporelle, apparence, hochements de tête, expression faciale, gestes, posture, mouvement des yeux, et enfin aspects non verbaux du langage tels que le volume, l'intonation, le ton, la rapidité et les erreurs de langage.

Un schéma tripolaire

Nous structurons nos deux questions de recherche autour d'un schéma d'analyse d'inspiration tourainienne. Depuis Touraine (1978), il est coutume de distinguer trois dimensions dans tout mouvement social, à savoir l'enjeu, l'identité et l'opposition, autrement dit « au nom de quoi », « pour qui » et « contre qui » mène-t-on l'action ? Nous pouvons aisément transposer cette grille de lecture dans le domaine de la psychologie du travail. Dans ce cas, enjeu peut se traduire par défis, identité par appartenance et opposition par conflits, ce que nous représentons dans le schéma ci-dessous.

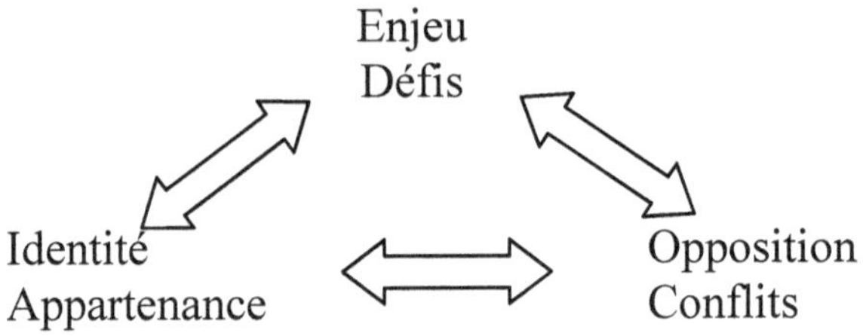

Pour chacun des trois pôles (enjeu/défis, identité/appartenance et opposition/conflits) nous analyserons d'abord les émotions relatives au volet social et ensuite celles concernant le volet économique. Nous clôturerons chaque partie en apportant une réponse partielle aux deux questions posées.

Nous avons interviewé, par la méthode de l'interview semi-directive et approfondie, une vingtaine d'agriculteurs bios en Alsace. Ceux-ci étaient sélectionnés selon des critères liés 1° au type d'exploitation (élevage, maraîchage, viticulture, arboriculture) avec toutefois une majorité de viticulteurs, 2° à l'ancienneté dans le bio (pionniers/récemment convertis), 3° à l'âge de l'agriculteur, 4° à la superficie de l'exploitation, 5° ainsi qu'à la localisation dans la région concernée (répartition sur le territoire). Dans de nombreux cas, les entretiens étaient suivis par une visite de l'exploitation ou par une dégustation des produits. Toutes les interviews, qui avaient une durée moyenne de 1 h 15, ont été menées par équipe de deux ; un des chercheurs conduisait l'entretien et l'autre prenait des notes portant sur les contenus verbaux et sur les réactions non verbales. Les interviews faisaient ensuite généralement l'objet d'un *debriefing* quelques heures après leur déroulement. Elles étaient retranscrites intégralement, puis réanalysées dans le cadre de réunions de travail.

Enjeux et défis

Espoir et exaltation dans l'action sociale

Les enjeux fondamentaux du bio sont multiples. Pour certains, l'agriculture bio est le chemin privilégié pour construire un monde sans pollution, sans problèmes de santé et sans les multiples dépendances au système agroalimentaire. Cet espoir d'un monde meilleur détient une force motivationnelle formidable. Il dépasse les préoccupations à court terme, comme en témoignent les multiples références aux « générations futures ».

Nombreux sont les interviewés qui insistent sur le rôle de l'agriculture bio comme réponse au « mal-développement ». Certains s'engagent avec fougue dans le combat de la décroissance et dans la lutte contre l'énergie nucléaire. Quelques-uns mettent en place de véritables actions de sensibilisation de l'opinion publique au travers d'actions concrètes dans leur vie privée. Ainsi, l'un d'eux nous a montré avec passion et fierté son four solaire, dans la cour de son habitation qui est aussi son comptoir de vente.

D'autres se battent pour l'adoption d'un cahier des charges plus « audacieux » afin d'éviter l'entrée en force du bio industriel. Un viticulteur plaide pour un contrôle global, allant du travail dans les vignobles jusqu'au vin dans les bouteilles. Plusieurs évoquent, avec exaltation, les actions de protestation auxquelles ils ont participé, telles que les manifestations contre les OGM et les pesticides. Quelques-uns publient dans des revues agricoles. D'autres s'engagent, avec fougue et fierté, dans des actes de désobéissance civile, tel ce viticulteur qui produit un vin sans soufre : « Il faut être rebelle, il faut être insoumis face à une pieuvre, à une gangrène. C'est une vraie gangrène qui stérilise même les cerveaux. » Tout au long de l'interview de ce viticulteur, nous avons été témoins d'une forte imbrication entre les émotions de révolte, d'espoir, de satisfaction suite aux victoires partielles et d'exaltation ressentie dans l'action.

Passion, fierté, bonheur profond et émerveillement dans l'exercice du métier

L'expression des émotions est omniprésente lorsque les interviewés parlent de leurs pratiques professionnelles. Ces émotions sont fréquentes, intenses et s'expriment au travers d'une multitude d'indicateurs, tels que la tonalité de la voix, l'expression des yeux, la rapidité de la parole. Elles sont essentiellement liées à deux domaines : l'épanouissement professionnel et la découverte de la biodiversité dans leur exploitation agricole.

Les émotions de passion, de joie, de fierté liées à l'épanouissement professionnel concernent l'absence de traitement chimique, les compétences techniques et la liberté/autonomie.

Produire des aliments de qualité sans avoir recours aux traitements chimiques constitue pour certains un des défis majeurs du métier d'agriculteur bio. Lorsqu'ils y arrivent, ils éprouvent avant tout des émotions de satisfaction et de fierté : « Il y a une satisfaction de produire sans ces chimies de synthèse. » L'argument écologique pèse fort pour la plupart : « Ce qui est aussi important, quand on pense à tout ce qu'on ne fait pas : nettoyage du pulvérisateur, on ne fait plus. » Un viticulteur éprouve « une fierté infinie » de produire des raisins non traités : « Quand on récolte le raisin, que le raisin arrive à la cave, on est heureux, on a travaillé en respectant tous nos principes, finalement on a de beaux raisins qui arrivent en cave. On ne saute pas de joie non plus, mais intérieurement on jubile vraiment. »

Absence des produits chimiques, variété de la production, tout cela demande des compétences techniques particulières. Plusieurs éprouvent une vraie « passion » (émotion qui s'apparente à l'exaltation) pour la technique et se lancent des défis d'amélioration en permanence, tel ce maraîcher : « J'adore tout ce qui est technique. [...] constamment, on est en train d'améliorer notre système de travail dans le verger. »

Ces compétences sont à mettre en relation avec la quête de liberté et d'autonomie qui constitue un autre élément du défi que les interviewés se lancent. Plusieurs, qui se sentaient manipulés par « des forces » avant la conversion en bio, ne se sentent aujourd'hui plus « dominés ni par un cadre professionnel, ni par des supérieurs, ni par une philosophie dogmatique ». Toutefois, estiment-ils, cette liberté n'est jamais pleinement acquise, mais constitue quelque chose « vers quoi on devrait tous tendre ». Un des interviewés dit d'ailleurs « ne pas chercher la facilité ». Ainsi, défi et autoperception positive se complètent chez les agriculteurs interviewés et donnent lieu à des émotions de fierté et de satisfaction (émotions d'accomplissement).

Tournons-nous à présent vers les émotions provoquées par la biodiversité au sein de sa propre exploitation agricole. Ici, les maîtres mots ne sont pas « le défi » et « l'agir », mais bien « le lâcher-prise » et « l'émerveillement » face à la beauté de la nature et sa diversité. Nous quittons le domaine des émotions d'accomplissement et de l'espoir pour nous aventurer dans le domaine des « émotions sensorielles » (cette catégorie n'est pas reprise dans la classification présentée dans l'encadré). Dans certaines situations, il nous semble que l'évaluation cognitive ne suffit pas et doit être complétée par l'évaluation sensorielle. Un des interviewés faisait, d'ailleurs, un lapsus en parlant de sa « sensualité » de la nature, en se reprenant rapidement après, pour parler alors de sa « sensibilité ». Nous étions impressionnés par la mise en avant, dans son discours, des oiseaux, des vers de terre et des escargots, des fleurs et des mauvaises herbes. Certains se lancent par exemple dans un véritable récit dont le héros est le petit ver de terre, auquel ils attribuent des vertus importantes pour la bonne gestion du sol. Écoutons les propos de ce viticulteur : « Le ver de terre laboure énormément. Plus il y en a dans le sol, plus le sol va respirer, va être meublé... Tout cela va permettre à la minéralité de s'exprimer, à l'acidité du vin d'être présente. »

Ayant examiné ce premier pôle, nous pouvons apporter une réponse partielle aux deux questions qui guident notre recherche. Regardons tout d'abord la culture émotionnelle liée aux enjeux historiques et aux défis professionnels. Nous avons constaté qu'elle est faite de fierté, d'exaltation, de joie, de satisfaction (émotions d'accomplissement) ainsi que d'espoir, de soulagement et d'intérêt (émotions d'approche).

La puissance émotionnelle avec laquelle les interviewés s'expriment sur leur travail nous permet de qualifier certaines des pratiques professionnelles comme de véritables « expériences optimales ». Nous nous référons ici au courant théorique dénommé « la psychologie du bonheur », développé par Selgiman (1998, 2002) et Csikszentmihalyi (2004). Ces auteurs proposent le concept « d'expérience optimale » ou de « *flow* ». Ce type d'expériences a lieu lorsque le sujet s'investit librement en vue de réaliser un but personnel, se concentre pleinement sur son activité et mobilise toutes les compétences requises. Dans ce cas, l'individu éprouve un sentiment de fluidité mentale (*flow*).

Relevons qu'en plus de toutes ces émotions qui se rattachent à notre classification de départ, il en est une qui n'y est pas reprise : l'émotion d'éblouissement, d'émerveillement et de tendresse face à la biodiversité dans l'exploitation agricole. Cette émotion est exprimée fréquemment, et avec intensité au travers des paroles, mais aussi des expressions du visage, du ton de la voix, des petits gestes de la main, ainsi que comportements (toucher, voir, goûter) au moment des visites de l'exploitation et de la dégustation des produits, sans parler des photos que l'on nous montre.

Il nous reste à répondre à la question concernant les tensions émotionnelles entre les deux pôles enjeux/défis. Si la diversité des émotions est plus forte dans la sphère économique, elle ne signifie pas pour autant que les émotions supplémentaires repérées dans cette sphère trancheraient fortement, et moins encore s'opposeraient à celles qui sont communes aux deux sphères. On notera d'ailleurs que les deux catégories d'émotions spécifiques à la sphère économique présentent l'une et l'autre des valences (très) positives, au même titre que les émotions communes aux deux sphères.

Opposition et conflits

Les théories sur les mouvements sociaux (Touraine, 1978) ont mis en évidence l'importance de la désignation d'un opposant « historique » pour l'existence même du mouvement. Et selon les théories psychologiques (Tajfel, 1978 ; Tajfel et Turner, 1979), le rapport conflictuel à un « *out-group* » est un élément constitutif de l'identité sociale de l'individu. Voyons à quelles émotions sont liés ces oppositions et ces conflits.

La colère et la révolte (émotions antagonistes) sont les émotions prédominantes dans ce pôle du triangle, tant pour ce qui concerne le mouvement social que la pratique professionnelle.

C'est l'industrie phytosanitaire qui constitue le plus grand adversaire de l'agriculture bio, selon presque tous les interviewés. Les quelques extraits suivants montrent comment la peur, émotion de résignation, a nourri la colère, émotion antagoniste. Elle concerne tantôt la santé : « Regardez tous les scandales, les problèmes. Ce que l'on mange est de plus en plus chimique. Maintenant, on remarque que cela crée par exemple l'Alzheimer, etc. », tantôt la famine : « Un jour ou l'autre, il n'y aura pas assez de blé pour nourrir les gens. Il n'y aura pas assez de maïs. On va vers la famine. »

Quant aux pouvoirs publics, on leur reproche de prendre parti pour l'industrie agroalimentaire. Plusieurs crient au scandale, tel ce viticulteur : « C'est scandaleux. On se trouve avec des masses d'argent public complètement détournées. » Certains interviewés accusent les pouvoirs publics d'utiliser deux poids et deux mesures : laxisme à l'égard de l'industrie agroalimentaire et normes sévères pour le bio : « D'un côté, vous avez des sociétés qui ont le droit de ramener des OGM alors que l'on ne connaît pas du tout leur effet en plein air, et de l'autre on a une limite pour l'utilisation du purin d'orties. On nous prend vraiment pour des imbéciles. » Les Chambres d'agriculture, en tant que composante du système politique, attirent également les foudres des interviewés. On leur reproche d'être entre les mains des lobbys de l'agriculture conventionnelle. Elles mettraient tout en œuvre pour décourager les conversions en bio. Certains interviewés font toutefois l'éloge de certain(e)s conseiller(e)s des Chambres. La colère est également dirigée vers le système scolaire. Elle fait suite aux émotions de déception et de tristesse, car les interviewés étaient nombreux à s'être engagés dans des mouvements de contestation au moment de leurs études. Aujourd'hui, ils constatent, avec amertume, que rien n'a changé.

Au-delà des paroles et de leur intensité, la colère s'est également manifestée au travers des affiches apposées et des revues déposées dans certains endroits de la ferme (bureau, toilettes, grange) que nous avons eu l'occasion de visiter. Elle était également présente dans des brochures éditées par le mouvement à l'occasion d'événements, tels que la foire du bio, et de manifestations, telles que les manifestations contre le nucléaire et contre les OGM.

En conclusion de ce paragraphe, nous pouvons constater que la culture émotionnelle est quasi identique, suivant qu'elle s'exprime par rapport à un adversaire « historique » (volet social) ou qu'elle concerne des conflits dans la sphère du travail (volet économique). Dans les deux cas, on retrouve de la colère, de la révolte, du dégoût. Ce sont, pour la plupart, des émotions à valence ambivalente : négatives dans le ressenti, mais pouvant avoir des implications jugées positivement par les sujets. Les objets d'évaluation sont essentiellement l'industrie agroalimentaire, la politique agricole, le système scolaire et de recherche ainsi que les organismes semi-publics tels que les Chambres d'agriculture. Et ces émotions s'expriment avec une intensité et une fréquence similaire pour les deux volets.

Identité et appartenance

Poser la question « au nom de qui » les agriculteurs bio s'engagent dans l'action collective, c'est poser la question de l'identité du mouvement social. Quelles émotions sont attachées à cette identité ?

Nous avons été frappés par la conception très ouverte de l'identité mise en avant par nos interviewés. Probablement cette ouverture remonte-t-elle aux origines mêmes de ce mouvement. Historiquement, celui-ci regroupe des agriculteurs, des environnementalistes et des consommateurs. Il ne s'est jamais doté d'une identité catégorielle forte, se référant plutôt à une appartenance à un vaste réseau (Michelsen, 2001). Encore aujourd'hui, auprès des agriculteurs bios alsaciens, nous retrouvons cette multiappartenance.

Pour ces agriculteurs, la Foire EcoBio représente sans doute l'illustration la plus « condensée » de cette identité. Née dans les années 1980 autour de deux enjeux fondamentaux : « promouvoir l'agriculture bio » et « militer pour un monde meilleur » elle connaît un vif succès. La joie et l'enthousiasme ressentis et partagés, tant durant les réunions préparatoires qu'au moment de la foire elle-même, sont considérés comme une condition nécessaire pour mener à bien les actions, qui sont souvent éprouvantes et chronophages. Les membres parlent à ce propos de « militantisme dans la convivialité », de « chaleur humaine », de « charme » ou encore de « belle aventure ».

La Foire EcoBio n'est toutefois pas la seule manifestation de l'action collective où des amitiés se créent. Les interviewés sont nombreux à faire part des actions, passées et présentes, où ensemble avec des écologistes, des amoureux de la nature, ils luttent pour un monde meilleur. Presque toujours, ils nous parlent de plaisir, de chaleur humaine, de convivialité, ces émotions allant de pair avec des amitiés souvent durables. Les agriculteurs qui ne participent pas (ou plus) à l'action collective expriment leur sympathie et leur admiration envers ceux qui continuent « le combat ».

Si nous quittons le champ de la contestation pour nous plonger dans la communauté professionnelle, nous observons que l'échange avec autrui occupe également une place centrale. Les interviewés s'expriment longuement et intensément sur leurs échanges avec les autres producteurs, les consommateurs et la communauté locale. Une productrice de pommes éprouve de la fierté lorsqu'elle est sollicitée par « les plus grands que soi » : « Il y a vraiment un partage en bio. Ils sont plus humbles, je pense ». Par rapport aux consommateurs, beaucoup d'agriculteurs interviewés se découvrent une véritable âme de pédagogue. Faire découvrir et expliquer la complexité des biotopes, briser des stéréotypes, dans un climat de détente, en prenant le temps nécessaire, procurent une joie intense. Ils sont fiers de pouvoir communiquer leur tendresse et leur émerveillement lorsqu'ils font visiter leur verger, leur vignoble, leurs champs, aux clients, ainsi qu'à nous, les chercheurs. Enfin, le sentiment d'appartenance à la communauté locale, au terroir est également puissant. L'Alsace, région densément peuplée, compte un tissu associatif très riche, auquel la plupart des agriculteurs bios participent activement. Des festivités organisées au moment des vendanges sont monnaie courante : « Ce côté festif des récoltes, il est fondamental [...]. Mais là, la récolte, c'est la fête ».

Cette partie qui traite des émotions ressenties dans l'échange, que ce soit pour organiser une action collective ou dans le cadre professionnel aboutit à des résultats similaires à ceux qu'on obtenait pour le premier pôle, celui des enjeux/défis. En effet, l'intensité, telle que nous l'avons observée au travers des diverses expressions verbales et non verbales, est similaire pour les deux volets. La fréquence de l'expression est par ailleurs plus élevée dans la sphère économique que dans la sphère sociale. Il en est de même de la diversité des émotions observées. Ainsi, l'émotion de « bonheur profond », présente au niveau des enjeux/défis, s'exprime également ici, au niveau de l'identité/appartenance ; il en est de même des émotions sensorielles, d'émerveillement dans les échanges, qui sont également très présentes. Mais, comme on l'a noté pour le premier pôle, on n'observe pas ici de différences très nettes entre la nature des émotions attachées aux deux volets ; en particulier, on trouve de part et d'autre des émotions à valence (très) positive. Les objets des émotions sont les suivants : échanges entre les militants, entre producteurs, avec les consommateurs et la communauté locale.

Conclusion

Ce chapitre entendait faire le point sur ce que nous avons appelé la culture émotionnelle des agriculteurs bios alsaciens. Nous étions également intéressés à saisir les différences éventuelles des émotions, suivant qu'elles concernent le volet contestation ou le volet professionnel.

En ce qui concerne la première question, nous avons été frappés par la puissance des émotions, telle qu'elles se manifestent tant au niveau verbal que non verbal. La grande diversité des émotions que nous avons observées constitue une invitation à compléter la classification de Garcia-Prieto, Tran et Wranik, de deux manières : en étendant la classe des émotions d'accomplissement à l'émotion de bonheur profond et en ajoutant une cinquième classe d'émotions, celles des émotions sensorielles.

Quant à la deuxième question, la recherche montre une assez grande similitude entre la culture émotionnelle des deux volets du mouvement. Pour le pôle opposition/conflits, on peut même parler de quasi-identité. Pour les deux autres pôles, on constate quelques différences. L'une est relative à l'intensité, qui est plus forte du côté économique. L'autre concerne la diversité des émotions, qui est également plus importante du côté économique, sans toutefois que ces émotions qui viennent en sus ne tranchent nettement avec celles qui sont présentes de part et d'autre ; en particulier, les émotions spécifiques au volet économique gardent la même valence que celles qui sont communes aux deux pôles.

Bibliographie

Csikszentmihalyi, M., *Vivre. La psychologie du bonheur*, Paris, Éditions Robert Laffont, 2004.

Fiske, J., *Introduction to Communication Studies*, seconde édition, London and New York, Routledge, 1990.

Garcia-Prieto, G., Tran, V., Wranik, T., « Les théories de l'évaluation cognitive et de la différenciation des émotions : une clé pour comprendre le vécu émotionnel au travail », in Delobbe, N., Herbach, O., Lacaze, D., Mignonac, K. (eds.), *Comportement organisationnel*, Bruxelles, De Boeck, 2005, vol. 1, p. 195-222.

Gendron C., Turcotte, M.F., « Les nouveaux mouvements sociaux économiques au cœur d'une nouvelle gouvernance », in *Organisations et territoires*, 2006, vol. 16, n° 1, p. 23-32.

Gendron, C., Vaillancourt, J.-G., Audet, R., *Développement durable et responsabilité sociale. De la mobilisation à l'institutionnalisation*, Quebec, Presses internationales polytechnique, 2010.

Jasper, J. M., « The Emotions of Protest », in Goodwin, J., Jasper, J. (eds.), *The social Movements Reader. Cases and Concepts*, Oxford, Blackwell Publishing, p. 153-162.

Goodwin, J., « The Libidinal Constitution of a High-Risk Social Movement : Affectual Ties and Solidarity in the Huk Rebellion », in *American Sociological Review*, 1997, n° 62, p. 53-69.

Luminet, O., *Psychologie des émotions. Confrontation et évitement*, Bruxelles, De Boeck, 2008.

Michelsen, J., « Recent Development and Political Acceptance of Organic Farming in Europe », in *Sociologia Ruralis*, 2001, vol. 41, n° 1, p. 3-20.

Seligman, M., *Learned Optimism*, New York, Simon and Schuster, 1998.

Seligman, M., *Authentic Happiness : Using the New Positive Psychology to Realize Your Potential for Lasting Fulfillment*, New York, Free Press, 2002.

Tajfel, H., *Differentiation Between Social Group : Studies in the Social Psychology of Social Relations*, London, Academic Press, 1978.

Tajfel, H., Turner, J., « An Integrative Theory of Intergroup Conflict », in Austin, W.G., Worchel, S., *The Social Psychology of Intergroup Relations*, Monterey, CA : Brooks/Cole, 1979.

Touraine A., *La voie et le regard*, Paris, Seuil, 1978.

CHAPITRE 4

Les collectifs comme levier de la conversion

Michel STREITH

Chargé de recherche CNRS, laboratoire LADYSS

En avril 2009, nous avons procédé à une série d'enquêtes auprès d'agriculteurs étant répertoriés comme « nouveaux convertis ». Sous ce vocable, il faut entendre un engagement contractuel vers l'obtention de la certification AB. Celle-ci est attribuée au bout d'une période de trois ans afin de laisser le temps aux agriculteurs d'opérer la transformation des systèmes de production et d'éliminer les traces de produits de synthèse dans le sol, les végétaux ou les animaux. Les agriculteurs que nous avons rencontrés en étaient à leur première année probatoire, mais la plupart travaillaient selon les méthodes biologiques depuis plusieurs années. Pour eux, cette phase représentait une étape administrative et la confirmation officielle de leur choix.

Ces agriculteurs étaient au nombre de 18 en 2009. L'échantillon se présente ainsi : dix viticulteurs, quatre apiculteurs, deux éleveurs de bovin-viande, un maraîcher et un agriculteur en polyculture. Nous n'avons pu en interroger que dix. Cinq des huit manquants se sont dérobés en nous expliquant qu'ils ne se sentaient pas encore prêts pour nous raconter leur conversion. Ils estimaient manquer de recul sur leur expérience. Trois autres étaient indisponibles. Nous nous sommes présentés devant les dix restants (six viticulteurs, deux apiculteurs, un maraîcher et un éleveur de bovin-viande) avec l'objectif suivant : étudier les freins et les leviers à la conversion dans un contexte de fort développement régional de l'agriculture bio et de changement des conditions socio-économiques dans les incitations à se convertir. Nous voulions étudier les motivations à s'installer en bio en dehors du contexte d'influence des pionniers qui a prévalu durant les années 1980-1990 et en dehors de la politique d'aides spécifiques des aides accordées au début des années 2000 dans le cadre des Contrats territoriaux d'exploitation (CTE). En 2009, la vague bio est essentiellement portée par une demande sociale qui s'exprime à travers les pratiques d'achat des consommateurs, le tout relayé par des injonctions politiques à accroître les performances de l'agriculture bio.

Nous avons procédé à des entretiens semi-directifs mettant l'accent sur les choix et les motivations de la conversion au bio, les adaptations techniques nécessaires à ces objectifs, les savoirs et les réseaux mobilisés, les leviers et les contraintes rencontrés. Lors de la relecture critique des entretiens, effectuée par le groupe des chercheurs, nous avons relevé l'importance des discours portants sur les structures collectives d'accompagnement de la conversion. En effet, les agriculteurs font fréquemment allusion, dans leurs propos, au rôle majeur de leurs expériences associatives ou de leurs relations avec les coopératives et les institutions.

Nous avons décidé d'approfondir notre recherche sur le volet des dynamiques collectives dans la conversion au bio en nous posant la question suivante : en quels termes les agriculteurs parlent-ils de leurs relations à des collectifs ? La liste suivante donne les notions abordées par les agriculteurs lorsqu'ils font référence à des institutions ou à des préoccupations qui engagent des institutions. Nous indiquons, entre parenthèses, le nombre d'occurrences faites par les agriculteurs de notre échantillon : association (22) – formation (9) – aide (9) – coopérative (8) – contrôle (5) – certification (4) – recherche (4) – Chambre d'agriculture (3) – administration (3) – État (3) – demandes (3) – homologation (2) – département (1) – Europe (1) – syndicat (1) – industrie chimique (1) – foncier (1) – cahier des charges (1).

Nous pouvons affirmer que les structures d'action collective dans lesquelles les agriculteurs sont présents de manière active, comme adhérent ou militant, prennent une place prépondérante dans la vie professionnelle des interviewés. C'est le cas notamment des associations et des coopératives qui sont mentionnées 30 fois. Nous allons détailler les discours sur les structures collectives à partir de trois cas : les associations, les coopératives et les institutions publiques ou semi-publiques (Chambre d'agriculture, département, syndicat, État, administration, recherche, Europe). Nous laisserons de côté les références plus techniques (formation, aide, contrôle, certification, cahier des charges, foncier, industrie chimique) qui font intervenir des cadres collectifs, mais à la marge. À partir de ce matériau empirique, nous essaierons de savoir comment ces pratiques collectives s'insèrent dans le processus de conversion au bio et dans quelle mesure elles interagissent avec des préoccupations individuelles ou familiales.

Les associations

Les objectifs des associations mentionnées sont de trois ordres. Un premier groupe comprend les associations que l'on peut qualifier de « professionnelle » c'est-à-dire ayant des objectifs de développement agricole. Nous comptons parmi elles une organisation professionnelle dédiée à la prompotion et à la valorisation de l'agriculture biologique en Alsace (Organisation pour la promotion de l'agriculture biologique en Alsace), quatre associations ayant trait à la viticulture (Association des viticulteurs alsaciens, Vignes Vivantes, Tyflo[1], Centre d'études techniques agricoles), une regroupant des apiculteurs (Apiculteurs du Week-end), une ayant pour objectif le développement local (Association de développement agricole régionale), une encore traite des problèmes du foncier (Terre de Liens). À côté de ces structures à orientation professionnelle, nous trouvons une association environnementaliste (les Amis de la Terre) et une association de consommateurs (Association de maintien de l'agriculture paysanne).

Notre intérêt porte sur la façon dont les agriculteurs mobilisent ces structures dans leurs discours et leurs pratiques. Quels intérêts y trouvent-ils aujourd'hui ou y ont-ils trouvés à un moment donné de leur vie et dans quel sens ces intérêts sont mobilisés aujourd'hui ?

Les associations peuvent être un outil de transition vers l'agriculture biologique. Ainsi, tous les viticulteurs en cours de conversion leur attribuent cette fonction. Les associations mentionnées ci-dessous travaillent depuis plusieurs années sur des systèmes de production plus respectueux de l'environnement et bon nombre de leurs membres sont aujourd'hui en bio[2]. Un viticulteur rappelle que son investissement dans l'association Tyflo a été un élément fondateur de sa bifurcation professionnelle :

> J'ai eu mon premier gamin en 1993. Un jour, nous nous sommes rencontrés au restaurant avec 3 ou 4 collègues. Nous avions des enfants du même âge donc des préoccupations communes. À un moment l'un d'entre nous a dit : Comment nos enfants vont-ils pouvoir faire la vigne ? Dans quel état vont-ils la trouver ? Notre petit groupe a été à l'origine de l'association Tyflo. Petit à petit, on a fait des essais pour réduire les produits phytosanitaires. [...] Pour moi, Tyflo a permis le passage au bio en douceur, sans échecs.

Un second viticulteur met en exergue le rôle de l'association comme lieu de décision technique :

> Presque tous les adhérents de la coopérative viticole sont membres de l'association Tyflo ; on se réunit toutes les semaines, il y a des gars en con-

1 Le nom de l'association est dérivé du mot typhlodrome qui désigne une petite araignée, auxiliaire prédateur naturel des acariens.

2 Voir chapitre 7 « La viticulture, une nouvelle modernisation ».

ventionnel et d'autres, comme moi, en conversion, et on se dit est-ce qu'il y a besoin de pulvériser ou pas ? Du coup, parfois on laisse tomber le pulvérisateur durant deux à quatre semaines.

Un troisième viticulteur fait référence au Centre d'études des techniques agricoles (CETA) comme levier de conversion : « dans le CETA, tout le groupe est passé au bio. » Un quatrième rappelle le lien entre une association et la diffusion de nouveaux procédés au sein d'un village :

> Avec l'Association des viticulteurs d'Alsace [AVA], on a des réunions dans le village et on travaille avec une station météo alsacienne. Cela nous aide à prévoir les problèmes pour les insectes. [...] Je suis le seul en bio mais il y a deux viticulteurs qui sont en train de me suivre.

Le recours à une association pour élaborer collectivement des techniques et parfaire un apprentissage est parfois nécessaire aux viticulteurs, l'un d'eux affirme :

> Je suis à Vignes vivantes. On est presque une centaine d'adhérents. On a pris ensemble des cours et on nous a expliqué comment travailler le sol. On fait des analyses de sols sur les parcelles qui nous posent des problèmes de vigueur, puis on fait du compost.

L'association peut remplir un rôle de conseil lors d'une installation. Cette situation est mentionnée par un jeune maraîcher qui cultive des parcelles à une dizaine de kilomètres de son habitation. Il cherche des terres plus proches de son domicile :

> Pour s'installer, on va prendre contact avec Terres de liens car ce serait dommage de perdre nos terres dans quelques années. Si on arrête un jour, ce serait bien que quelqu'un continue ; justement, Terres de liens va dans ce sens-là et c'est très très important.

Les structures associatives révèlent parfois des spécificités intéressantes liées au profil sociologique de leurs membres. Ainsi en est-il de la Fédération des apiculteurs du Bas-Rhin qui comprend 2 500 adhérents, ce qui est considérable. Cela tient à l'organisation sociale de cette filière, composée de petits apiculteurs possédant de dix à 40 ruches. La Fédération a mis sur pied une « certification » interne, nommée Atout qualité, et un concours des miels d'Alsace. Les adhérents se regroupent au sein de structures locales. Ainsi en est-il de cet apiculteur :

> J'avais quelques ruches, maximum 10 à 20 et je faisais ça souvent le week-end, car j'étais parti toute la semaine. À Saverne, on a une association d'apiculteurs qui s'appelle « l'apiculteur du week-end », c'est fait pour les gens qui ne sont disponibles pour les abeilles que le samedi ou le dimanche.

Avec l'Association environnementaliste « Les Amis de la terre », nous sommes dans un registre plus militant. Un viticulteur y fait référence pour décrire un engagement écologique :

J'assistais aux conférences de l'association des Amis de la terre. C'était à la fin des années 1970 et au début des années 1980, j'avais des amis bretons qui étaient installés en agriculture bio et on était ouvert aux problèmes du maïs, en Bretagne comme en Alsace.

La sensibilisation à des préoccupations qui ne sont pas uniquement techniques est aussi énoncée par ce maraîcher quand il parle de son application dans une Association pour le maintien de l'agriculture paysanne (AMAP) :

> L'AMAP, ça nous prend énormément de temps en réunion, il y a plein de choses en plus des livraisons. Il y a des petites fêtes qui se passent tout au long de l'année ; sur le lieu de distribution, on fait de l'information au niveau des pratiques agricoles. Vu que l'AMAP a un an d'existence on est un peu obligé de se mettre en accord avec les autres producteurs, car il y en a qui sont en conventionnel et d'autres en bio, donc on parle de certification entre producteurs.

L'Organisation pour la promotion de l'agriculture biologique en Alsace (OPABA) jouit d'un statut particulier dans la mesure où elle est la seule, parmi les structures mentionnées, qui ne regroupe que des agriculteurs biologiques. Elle a un statut de syndicat professionnel, mais nous avons choisi, par commodité de présentation, de la ranger dans le groupe des associations, car elle sert aussi de lieu d'échanges d'expériences. Dans les entretiens, les agriculteurs reconnaissent deux intérêts majeurs à cet organisme : la qualité des formations proposées et les conseils apportés pour les aides financières. Un éleveur de bovin-viande la mentionne en réponse à ma question sur sa formation : « pour ma formation, je vais voir le conseiller de l'OPABA deux fois par an. [...] En plus, la plupart du temps, on se rencontre avec d'autres éleveurs ». Un viticulteur y a recours avant de s'engager dans des projets difficiles et innovants qui vont au-delà des actions certifiées :

> À l'OPABA, il y avait un petit groupe qui faisait des expériences sur la vinification biologique puisque le cahier des charges est uniquement élaboré pour la viticulture. J'ai participé à une réunion et je suis prêt à recommencer, car je construis actuellement un nouveau chaix dans le cadre d'un projet environnemental.

Les agriculteurs apprécient les conseils apportés en matière d'aides, de subventions, de fiscalité : « Pour les crédits d'impôt lors de la conversion, c'est l'OPABA qui calcule tout ça » (un viticulteur), « côté aides, je me fie toujours à l'OPABA » (un éleveur).

Les coopératives

Les discours sur les coopératives sont nettement contrastés. Deux agriculteurs émettent un avis positif, ceux qui appartiennent à une coopérative, et deux autres ont un avis négatif, ce sont des vignerons « indépendants ».

Un viticulteur énonce ainsi son insertion dans le bio :

> Généralement, ce sont les producteurs qui veulent basculer dans le bio mais là c'est la coopérative qui a fait une demande à tous ses coopérateurs, qui a demandé « qui veut passer en bio, qui veut rester ? » Ils nous ont dit qu'il y avait de la demande et qu'ils souhaitaient faire du bio. [...] Notre coopérative est en relation avec une autre cave coopérative, ils voulaient 30 ha en tout, car ils ont une demande assez élevée pour du bio. En fait, chez nous, c'est parti d'un gars qui nous en a parlé et a demandé qui voulait se lancer. Moi, j'étais d'accord car je voyais le cahier des charges de la coopérative qui tous les ans rétrécissait l'utilisation des produits phytosanitaires alors je me suis dit « le bio, d'ici peu, on va tous y passer ».

Un éleveur écoule sa production dans une coopérative : « Je vends à la coopérative. Il y a une rémunération adéquate, plus élevée. Sinon, il y a un circuit avec le marchand de bestiaux. »

Les discours de deux autres viticulteurs sont plus critiques. L'un considère que la coopérative freine l'extension du bio :

> Dans notre village, il y a une cave coopérative donc il y a beaucoup d'adhérents, car dans chaque maison il y a un vigneron ; ces adhérents ne passeront jamais en bio, pour diverses raisons. La cave coopérative ne communique pas là-dessus, elle n'incite pas le producteur de raisin à passer en bio mais elle ne sent peut-être pas qu'il y a un marché. De plus, le côté sovkhoze de la coopérative inhibe l'initiative personnelle. Certains auraient envie d'y passer, mais on leur dit : tu fais ça, mais de toute façon tes raisins iront dans la même cuve que le voisin qui n'a pas produit en bio.

L'autre replace le rôle des coopératives dans le cadre plus large de l'économie et de la politique agricole :

> Le gros débat, tant sur le plan économique que des institutions, ce sont les grosses coopératives qui sont proches du milieu politique. Tant qu'elles n'auront pas envie de bouger, elles feront tout pour marginaliser. Elles prendront le bio dans leur valise quand elles seront sûres d'avoir le pouvoir parce que ce sont des minorités qui leur échappent.

Nous avons affaire à deux discours très opposés qui croisent des tensions entre des préoccupations individuelles et des cadres collectifs à des échelles locales ou globales. La différence d'appréciation tient bien à l'appartenance ou non à la coopérative. Elle est cependant encore plus explicite si l'on prend en compte les structures d'exploitation des interviewés. Deux d'entre eux sont de petits agriculteurs pluriactifs qui n'ont pas les moyens de pratiquer la vente directe, dès lors la coopérative est un passage obligé pour la commercialisation de leurs productions. Les deux autres sont des viticulteurs familiaux bien installés qui maîtrisent l'ensemble de la chaîne productive, de la culture à la commercialisation. Cependant, pour les quatre, la manière de s'insérer dans un mode de commercialisation individuel ou collectif n'est pas en contradiction avec leur choix de système de production. Quand il y a des critiques d'adressées, elles le sont en direction d'un système coopératif que l'on souhaiterait plus engagé dans le bio.

Les institutions

Concernant les institutions locales, les interviewés font référence à la Chambre d'agriculture, au département et aux syndicats agricoles. Les relations avec le département sont formulées une seule fois, par un éleveur qui rappelle l'aide reçue du Conseil général. L'appartenance syndicale est aussi peu mentionnée. Seul un des viticulteurs parle de son engagement : « Je suis dans un syndicat un peu plus virulent que les autres, je ne sais pas s'ils sont connus. Ils voulaient que je sois sur la liste des viticulteurs. » Les avis sur la Chambre d'agriculture sont plus nombreux et, surtout, plus ambivalents. Un viticulteur, souligne son rôle positif : « La Chambre nous a réunis il n'y a pas si longtemps, car ils voulaient s'orienter plus vers le bio. Ils nous ont posé des questions pour voir quelles étaient nos attentes. C'est très bien parce que jusque-là les messages que l'on recevait de la part des instances professionnelles et officielles étaient plutôt négatifs et cela ne nous poussait pas à la conversion. » Un autre est nettement plus critique : « Il y a quelques années, l'agriculture bio faisait beaucoup sourire la Chambre d'agriculture ; ils sourient de moins en moins, ils trouvent ça de plus en plus intéressant. Ils ont l'impression de pouvoir embaucher des techniciens, d'avoir de nouveaux services à proposer. » Un peu plus loin dans l'entretien, il revient sur les relations conflictuelles qu'il vit avec cette structure dans le cadre des aides à l'installation :

> On voulait affiner notre propre projet et ne pas être contraint par la Chambre d'agriculture d'arriver à des objectifs économiques tels que : atteindre en tant d'années la demi surface minimum d'installation avec une évolution constante de la trésorerie, toujours croissante. Je ne pense pas que les choses se passent comme ça. Nous, le salaire que l'on vise n'est pas énorme, mais on consomme énormément de produits venant de chez nous.

Les institutions de l'échelon national citées sont au nombre de trois. Nous trouvons des références à l'État, à l'administration et à la recherche. L'État est évoqué pour les questions d'orientation de politique agricole, notamment le Grenelle Environnement. Les avis divergent.

Pour un agriculteur, cela a donné un coup d'accélérateur aux financements accordés aux agriculteurs bios : « avant il y avait des aides, mais personne ne les avait reçues. Puis le Grenelle est passé par là et ils ont décidé de mettre les fonds en face. C'est une bonne chose finalement. » À l'inverse, un autre agriculteur en minimise la portée : « Le Grenelle Environnement, c'est de la fumisterie ; ce qui m'a permis de m'installer, c'est l'AMAP. » L'apiculteur exprime un avis plus nuancé qui prend en compte l'état d'esprit dans lequel se place l'agriculteur qui se convertit :

> Pour arriver à 20 % de surface en bio, la France va peut-être un peu trop banaliser le bio, car il faut produire beaucoup pour arriver à ce résultat. Or, celui qui veut faire du bio sait que sa productivité est différente de celle du conventionnel. S'il ne lance pas avec ça dans la tête, il ne fera pas de bons résultats.

Le rôle de l'État est également énoncé sous la forme du rapport à l'administration. Là encore, les expériences sont divergentes. Un premier viticulteur signale son étonnement : « Je pensais que la pression administrative était beaucoup plus forte, mais en fait, en bio ce n'est pas du tout comme ça, il n'y a pas beaucoup d'administratifs. » Un second agriculteur rappelle au contraire les obstacles réglementaires concernant l'utilisation des produits élaborés à partir de végétaux : « En France, il y a un problème de règlement avec la préparation à base de plantes. [...] Par exemple, les jardineries vendent des préparations à base de plantes, mais ils n'ont pas le droit de dire à quoi ça sert. »

Les interviewés sont plus prolixes sur la question des orientations de la recherche publique. Sans doute est-ce dû à la présence de chercheurs autour de la table ! Les trois discours produits sont unanimement sceptiques quant à la pertinence des recherches menées sur le bio, même si les attentes formulées sont différentes. Pour ce viticulteur, l'effort doit être orienté vers la recherche appliquée :

> Ce serait bien que la recherche s'intéresse au vivant ; les sujets qu'ils prennent sont soit purement économiques, soit des sujets à la mode comme la modification génétique ; par contre, on a des problèmes avec les champignons sur les vignes, ça s'appelle le bois noir, et personne ne fait de recherche là-dessus.

L'apiculteur compare la recherche en France et en Allemagne : « En Allemagne, il y a beaucoup plus de recherches menées sur l'apiculture, donc sur la vie de l'abeille et la gestion des maladies. » Cet apiculteur a développé une collaboration originale avec un chercheur allemand qui a mis au point une technique de piégeage du varroa, un acarien parasite de l'abeille adulte ainsi que des larves et des lymphes. Enfin, un viticulteur pose la question de la légitimité des recherches sur le bio :

« Pourquoi les chercheurs ne sont pas intéressés ? Parce que c'est en contradiction avec le monde moderne. Quand vous faites de la recherche, vous essayez d'avoir une certaine reconnaissance, donc il vous faut publier. Et si vous travaillez sur le bio, vous allez attendre combien d'années pour publier ? »

Pour conclure ce passage en revue, il faut mentionner un fait d'exception dans les propos de nos nouveaux convertis, la quasi-absence de référence à l'Union européenne. Un seul interviewé, éleveur bovin, nous indique qu'il souhaite solliciter une aide de l'Union européenne dans le cadre de la mise en place d'un atelier de poules pondeuses bios.

Dans le rendu des discours, nous constatons un gradient dans l'investissement des agricultures au sein de structures collectives. Les associations sont les plus valorisées. Les nouveaux convertis en parlent beaucoup et peu d'avis sont négatifs. Les coopératives puis les institutions sont beaucoup moins souvent citées et quand elles le sont, ce n'est pas toujours en termes élogieux. Enfin, il faut souligner la quasi-absence de discours sur des thèmes où un chercheur familiarisé aux questions agricoles s'attend à des réactions : les aides financières, l'Europe, la grande distribution, la concurrence. Tout se passe comme si l'essentiel des dispositions collectives de la conversion passait par le milieu associatif local. Nous allons voir en quoi ces dispositions participent de la création d'un savoir original.

La « sapience » des nouveaux convertis

La description des discours et des pratiques associatives des agriculteurs en cours de conversion nous permet de rappeler quelques évidences parfois sous-estimées ou oubliées dans la littérature en sciences sociales. Les innovations ou les changements de systèmes techniques, nous considérerons que le passage à l'agriculture bio en fait partie, ne reposent pas uniquement sur des préoccupations individuelles (itinéraires de vie, bifurcations professionnelles). Celles-ci demeurent fondatrices de l'engagement dans le bio et constituent un socle de savoirs qui légitiment et orientent les actions. Mais, pour réussir à franchir le cap du passage au bio, les agriculteurs s'appuient aussi sur des dispositifs collectifs.

Nous sommes dans une configuration théorique qui renvoie au concept de sapience, développé par Pharo (1985). À partir de l'analyse de la question des savoirs paysans, ce sociologue définit la sapience comme « l'ensemble des opérations cognitives et des maximes qui, pour un individu, ou un groupe d'individu socialement situé, sont constitutives d'une pratique ou d'un ensemble de pratiques sociales dans un lieu et un temps donné. » (Pharo, 1985 : 20). Il nous faut rappeler brièvement le contexte de production du travail de Pharo[3]. Cet auteur a produit, dans la première moitié des années 1980, deux textes majeurs sur la construction des savoirs des agriculteurs (Pharo, 1980, 1985). À cette époque, rappelle l'auteur, l'usage du mot de savoir est à la mode dans les milieux agro-économiques, mais précise-t-il « le terme savoir, implicitement associé à celui de performativité, n'est que l'image inversée [interne, privée, appropriée] de la prestation publique qui est attendue des individus dont on parle. » (Pharo, 1985 : 6). En effet, les institutions agricoles ont toutes des projets de développement pour le monde agricole. Nous sommes en période de crise de surproduction. Le processus de concurrence internationale s'exacerbe et il s'agit pour les exploitations agricoles françaises et européennes d'être plus performantes. Apparemment à contre-courant, Pharo invite les chercheurs à une certaine « neutralité axiologique », pour reprendre le concept de Weber (1992), vis-à-vis des intérêts économiques du monde agricole. L'idée centrale de son texte est la suivante : « Les savoirs professionnels des agriculteurs ne peuvent être compris et analysés que s'ils sont rapportés au processus endogène de constitution de ces savoirs. » (Pharo, 1985 : 6). Il forge ainsi le concept de sapience qui comprend les systèmes de savoirs des agriculteurs et les structures cognitives de l'expérience sociale qui les rendent possibles. Les systèmes de savoirs englobent les acquis forgés dans la famille, avec les pairs et hors du milieu scolaire. Il s'agit de connaissances issues d'expériences et de transmissions « naturalisées », en quelque sorte, par l'individu. Les structures cognitives de l'expérience sociale sont élaborées extérieurement à ce même individu qui, à un moment de sa vie, peut avoir nécessité à les intérioriser. L'école, une association, une institution sont des exemples de ces supports sociaux.

La définition des traits caractéristiques de la sapience par Pharo nous fournit des éléments précieux pour la compréhension du rôle structurant des associations dans le choix de la conversion vers le bio des agriculteurs et dans les outils mobilisables pour en rendre compte. En prenant quelques libertés avec la présentation qui en est faite par Pharo, nous séparerons artificiellement les traits qui renvoient à des considérations sur l'action de ceux qui renvoient à des considérations sur la recherche.

Concernant l'action, Pharo (1985 : 22) rappelle tout d'abord que « la rationalité d'une pratique ne s'épuise pas avec la considération de cette pratique ». Plusieurs rationalités, orientées selon des fins et des valeurs économiques, sociales, esthétiques, éthiques, affectives, se croisent et

[3] Le début de la décennie 1980 a vu, outre les travaux de Pharo, la publication de textes sociologiques et anthropologiques majeurs sur la question des savoirs qui ont donné lieu à des apports scientifiques toujours d'actualité : Bonniel 1983 et 1986, Darré 1985, Delbos et Jorion 1984, Rémy 1982.

interagissent. Ainsi, comme le signalent les discours de nos interviewés, l'assimilation des contraintes techniques fortes qu'oblige la conversion au bio ne passe pas uniquement par une aptitude psychologique générale de l'agriculteur qui serait prêt à les intégrer ou par un système technique idéal qui serait prêt à les accueillir. Les personnalités et les systèmes d'exploitation sont très divers. Certes, le facteur de réceptivité tient une place importante, certes, le bio se greffe sur un porteur prédisposé à le recevoir, mais le rôle de l'engagement associatif est de légitimer telle ou telle rationalité de l'investissement (choix militant, intérêt technique, souci pour la santé ou l'environnement, importance du collectif, liens avec les consommateurs, préservation de la biodiversité).

Une seconde considération pour l'action porte sur la dimension temporelle particulière des sapiences. La constitution du terreau de la conversion au bio se lit au travers de son état actuel. Mais, il est intéressant de noter que les agriculteurs font référence à des appartenances anciennes aux associations pour justifier un choix de conversion très ancré dans le présent. Nous pouvons citer le cas d'un agriculteur qui justifie en partie sa conversion au bio en 2008 à partir de la rencontre faite avec l'association des Amis de la Terre à la fin des années 1970. Un autre mentionne le rôle de l'association Tyflo qui date de 1994. En fait, le choix de la conversion réactive des savoirs plus anciens qui ne seraient sans doute pas mobilisés hors de ce contexte. Pharo (1985 : 21) rappelle qu'une « sapience passée n'est lisible qu'à travers une sapience actuelle ».

Deux autres considérations tirées des discours sur les pratiques associatives des nouveaux convertis apportent des éclairages sur les traits caractéristiques des sapiences de nos agriculteurs, mais également sur des manières d'envisager une recherche. Tout d'abord, nous avons la confirmation que « l'apprentissage de connaissances nouvelles ne se produit pas en fonction de ce qu'on ignore, mais en fonction de ce qu'on sait et de ce qu'on fait » (Pharo, 1985 : 26). Le rendu empirique des entretiens souligne le rôle majeur des associations comme lieu de légitimation sociale ou de reconnaissance d'un choix de passer au bio. Les associations ne fournissent pas d'outils clés en main, mais elles lèvent certains verrous sociaux ou techniques, elles apportent des aides. Bien entendu, il restera pour le candidat à la conversion à faire l'essentiel par soi-même ou par le biais de réseaux. L'antériorité de l'appartenance à une association est une des conditions favorisant le choix. L'apport des savoirs accumulés dans la vie associative est difficile à mesurer, car il n'est pas toujours en relation directe avec l'agriculture biologique. Mais, ce détour est recomposé lors de la bifurcation vers le bio.

Ensuite, la multiplicité des rationalités sollicitées, l'antériorité des connaissances et les processus de recomposition des savoirs démontrent la difficulté de recourir à un « concept général pour rendre compte d'opérations cognitives très différentes » (Pharo, 1985 : 22). Dès lors, la « performance écologique » ou la « filière » d'un agronome n'ont de sens qu'une fois dépassées les barrières qui les séparent du « territoire » du géographe, des « normes » ou des « valeurs » du sociologue et de la « sapience » de l'agriculteur. Nous sommes dans une posture interprétative qui associe, plus qu'elle n'oppose, les sens endogène et exogène des pratiques et des discours.

En conclusion, l'examen des dynamiques collectives des nouveaux convertis à l'agriculture biologique en Alsace nous apporte un enseignement majeur. Pour l'agriculteur en cours de conversion, l'appartenance à une association ou à une coopérative, quand celle-ci « joue la carte » du bio, participe d'une expérience qui a pour but de légitimer l'engagement social de l'agriculteur. Mais, les relations sociales qui s'établissent au sein de ces structures sont de nature particulière. À la différence des liens avec la famille, avec les pairs ou avec le voisinage, qui sont, en quelque sorte, imposés par la situation, les relations sont ici choisies. Elles sont donc plus organiques que mécaniques et donnent une plus-value militante au projet de conversion.

Une autre considération s'impose dans la suite de l'analyse des dynamiques collectives de conversion au bio. Il s'agit de la prise en compte des degrés d'incorporation des savoirs par les agriculteurs. Il apparaît très nettement dans les discours une variation du rôle des structures collectives dans la construction des connaissances. Cela va du plus « proche » que sont les associations au plus « éloigné » que sont les institutions en passant par une forme intermédiaire, les coopératives. Cependant, nous ne sommes pas en présence de discours qui opposent ces structures les unes aux autres. Nous avons plutôt à faire à l'expression de tensions entre des savoirs issus d'expériences collectives antérieures « naturalisées » par l'individu, une sapience formée dans les associations ou les coopératives, et de savoirs élaborés extérieurement, dans les institutions notamment, que l'agriculteur doit, à un moment donné de son parcours professionnel, intérioriser.

Bibliographie

Bonniel, J., « La transmission et la transformation des savoirs vignerons », in *Terrain*, 1983, n° 1, p. 23-30.

Bonniel, J., « La sapience et la sagacité », in *Terrain*, 1986, n° 6, p. 25-34.

Darré, J.P., *La parole et la technique. L'univers de pensée des éleveurs du Ternois*, Paris, L'Harmattan, 1985.

Delbos, G., Jorion, P., *La transmisssion des savoirs*, Paris, Éditions de la Maison des Sciences de l'Homme, 1984.

Pharo, P., « Éthique et mutation économique : étude d'un cas, l'élevage des veaux en Corrèze », in *Revue Française de Sociologie*, 1980, n° 21, vol. 3, p. 355-377.

Pharo, P., *Savoirs paysans et ordre social. L'apprentissage du métier d'agriculteur*, Paris, Centres d'Études et de Recherches sur les Qualifications, 1985.

Rémy, J., *Le métier d'agriculteur. Façons de produire et façons d'être des agriculteurs sarthois*, Paris, INRA, 1982.

Weber, M., *Essai sur la théorie de la science*, Paris, Plon, 1992.

CHAPITRE 5

Les motivations des acteurs en transition

Guillaume CHRISTEN

Doctorant à l'Université de Strasbourg

Le mouvement de transition au bio de l'agriculture alsacienne s'est amplifié ces dix dernières années. Ainsi, l'objectif de cette contribution consiste à décrire et à comprendre les motivations des agriculteurs conventionnels et des néo ruraux à s'engager dans un processus de conversion au bio en 2005. Déjà en 1993 les premières aides à la conversion en bio (MAE, Mesure agro-environnementales) puis remplacées par les CTE (Contrats territoriaux d'exploitation) en 1999 ont incité des agriculteurs conventionnels à s'impliquer dans un projet d'agriculture biologique. Mais loin d'en constituer l'unique raison, les conversions au bio (aussi bien pour les agriculteurs conventionnels que pour les néo ruraux) apparaissent aussi comme un véritable processus de transition qui s'opère dans une construction identitaire, où l'acteur se pose la question du qui suis-je ou du sens qu'il accorde à son métier. À partir d'entretiens réalisés en 2005 dans la région Alsace auprès d'exploitants bios, notre propos tentera de comprendre leurs motivations à se convertir en bio pour les uns ou à s'engager dans un projet d'agriculture biologique pour les autres. Pour ce faire, notre échantillon distinguera des agriculteurs anciennement installés en conventionnel (quatre individus pour notre cas d'espèce, tous en bovin lait, où seul l'homme travaille sur l'exploitation) et d'autres (quatre couples d'agriculteurs en caprin lait et ovin viande) dont le parcours biographique est sans attaches avec le milieu agricole. Pour ces derniers, l'agriculture apparaît alors comme une nouvelle identité et socialisation professionnelle.

Ainsi, parler des motivations au passage à l'agriculture biologique (des reconversions pour les agriculteurs ou des projets d'installations pour des « néo-ruraux »), c'est s'attacher à comprendre la démarche des acteurs, et ce, en identifiant et en interprétant la signification qui les a conduits à adopter ce processus à un moment donné de leur trajectoire sociale. Ces significations divergent en fonction du statut initial des acteurs selon leur appartenance ou non au milieu agricole.

Les convertis issus du monde agricole conventionnel

Pour les éleveurs en bovins lait dont les exploitations (deux en zone de plaine et deux autres situées en zone de montagne) se trouvaient en production conventionnelle avant la conversion, les motivations du passage au bio renvoient à trois justifications. Certes, la première est évidemment économique et tient à la viabilité de l'exploitation, mais d'autres facteurs plus qualitatifs interviennent aussi quant à la justification d'une conversion. La deuxième concerne la recherche d'une reconnaissance sociale où les agriculteurs s'identifient à une nouvelle image du métier, plus valorisante de leur point de vue. Le désir social de reconstruire positivement leur rapport au monde et de relier avec le restant de la société semble tout aussi important que les seules justifications économiques. Puis enfin, l'identité pour soi joue également un rôle important. Dans les modes de production biologiques, les agriculteurs retrouvent des savoir-faire et des savoir-être qui correspondent davantage à la représentation qu'ils se font de leur métier. Nous verrons que cette cohérence du soi donne raison et participe également au processus de transition au bio.

L'intérêt économique

La légitimité à un référentiel du métier centré autour de la norme technique s'est constituée à la fin des années 1950. La modernité symbolisait alors pour toute une génération la mobilité sociale, l'intégration et la réussite professionnelle, comme étant la seule voie possible pour sortir de la marginalité sociale. De ce fait, le modèle de réussite sociale se trouve à la fois symbolisé et réalisé dans le référentiel technicien/ingénieur (Muller, Faure, Gerbeaux, 1989) et plus particulièrement en Alsace dans la pratique maïsicole. Cette culture bénéficie d'un haut crédit social (Stoessel-Ritz, 1989 : 111), car elle matérialise l'accès au modèle céréalier donc à la réussite sociale. Or l'accès à ce modèle reste hétérogène et traduit des degrés d'intégration plus ou moins bien réussie. C'est notamment le cas de certains éleveurs (en polyculture élevage), dont la composition socio-économique de leur exploitation, ou les contraintes agronomiques ne leur permettent pas d'intégrer pleinement le modèle dominant. À la marge d'un système conventionnel, la conversion en bio apparaît alors comme une réponse adaptée pour maintenir la viabilité économique de leur système d'exploitation difficilement valorisable dans un modèle classique.

Dans cette description, on retrouve alors des exploitations de type polyculture élevage situées dans des zones aux contraintes pédologiques et agronomiques fortes. Sont essentiellement concernées les zones de montagne, mais aussi des régions particulières comme l'Alsace bossue. Elles ont pour point commun des agrosystèmes qui se caractérisent par une dépendance organique forte. Ces contraintes naturelles déterminent alors les modes de production et les assolements en contrariant par exemple la culture des céréales traditionnelles (maïs grain, maïs ensilage, blé). Il est alors inévitable pour les agriculteurs de trouver des solutions pour valoriser des surfaces enherbées ou en prairies naturelles.

Dans le cas de l'agriculture de montagne, la conversion à un mode de production biologique permet la valorisation économique d'un assolement qui dans un système conventionnel se retrouverait disqualifié et à la marge. Couplé à une logique de transformation et de commercialisation dans des circuits courts (marchés, vente à la ferme), ce changement d'orientation apparaît comme la solution privilégiée pour maintenir la viabilité et la pérennité économiques de l'exploitation. La transition en bio semble une sortie économique rentable pour l'agriculture de montagne comme le souligne cet éleveur, situé dans une vallée vosgienne, dont la conversion date de 2001 :

> Je courrais à la faillite si je continuais, il fallait que je change que je fasse quelque chose... puis j'ai vu d'autres collègues en bio, dont S. et il a commencé par bien s'en sortir sans devoir s'agrandir... depuis qu'on transforme, on arrive à dégager un revenu, on vit mieux, et maintenant qu'on a le label bio, on a été certifiés, ça y est, on vend un peu plus cher, mais c'est de la qualité, ça se justifie... mais si on fait les comptes, on s'en sort mieux, qu'à vendre du lait à la coopérative.

La reconversion apparaît ainsi comme la seule solution pour maintenir une viabilité économique sur une exploitation à taille humaine et aux contraintes naturelles fortes.

Or, il ne faudrait pas limiter la justification d'une conversion à la seule rationalité économique. La question de l'image que le restant de la société peut avoir de ma profession, en d'autres termes la question de l'identité professionnelle, joue un rôle non négligeable et ce particulièrement pour les acteurs issus du monde agricole.

Le bio : une identité professionnelle (re)valorisée

Le désir social de reconstruire positivement leur rapport au monde et au restant de la société constitue également une raison essentielle qui justifie les choix d'une conversion en agriculture biologique.

Effectivement, ce mode de production offre la possibilité aux acteurs d'acquérir une nouvelle image. La conversion au bio leur assure une nouvelle légitimité et une identité professionnelle valorisante, car désormais valorisée par le restant de la société. Cette justification est encore plus évidente et marquée chez les jeunes agriculteurs qui, après avoir repris l'exploitation familiale en conventionnel, se sont convertis en biologique.

Pour F., jeune agriculteur en bovin lait (situé au sud de la région, dont la conversion en bio a débuté en 2001, désormais certifié en 2005 lors de l'entretien), le changement de l'exploitation en mode de production biologique était une des principales conditions de reprise de l'exploitation familiale. En transformant l'exploitation parentale en mode biologique, il essaie de se délier d'une image négative associée à l'agriculture conventionnelle pour en acquérir une nouvelle. Le bio constitue alors cette nouvelle image, l'image qu'il a de lui-même et l'image que les autres ont de lui, qu'il oppose à l'identité familiale dont il cherchait à s'affranchir :

> Moi j'ai dit à mon père, je veux bien reprendre, mais ce sera en bio, sur le moment j'avais le soutien de personne de ma famille [à voix basse], moi je suis plus fier d'être agriculteur bio, on a l'impression d'être quelqu'un, quoi, plus reconnu par les autres et pour moi, c'est mieux vu et le fait d'être vu comme ça, ça a des effets positifs sur moi et mon travail, et ma copine je crois que ça lui fait plaisir que je sois un bio. *Et pour finir, il ajoute en rigolant* je suis un écolo.

La question de l'identité, du qui suis-je et du rapport au restant de la société joue en faveur d'une conversion à l'agriculture biologique, et ce, particulièrement pour les jeunes en reprise d'une exploitation familiale. Le modèle dominant ayant eu pour effets d'isoler l'agriculteur du restant de la société en l'intégrant dans des réseaux individualistes et techniciens, la jeune génération souhaite au contraire réduire cette distance entre eux et le restant de la société. La conversion au bio apparaît alors comme une réponse à un conflit identitaire, car elle permet de satisfaire ce désir social de se relier avec le restant de la société et de reconstruire positivement son rapport au monde. Dans un rapport à une identité pour soi et pour autrui, la reconversion en mode de production biologique est alors perçue par ces agriculteurs comme une manière positive de s'intégrer et de participer à la société globale. Il y a alors convergence entre la manière dont ils se voient et la manière dont ils sont perçus.

Même si la question de l'image joue un rôle important dans les motivations, la possibilité qu'offre aussi l'agriculture biologique de revaloriser des savoir-faire ne doit pas pour autant être occultée. Le fait de redonner un sens à son métier y participe aussi.

Le rapport au travail : une relation au vivant et une implication affective

L'agriculture biologique est souvent définie par ses acteurs comme une revalorisation de leur savoir-faire et savoir-être (Christen G., 2009). La réintroduction d'une réflexion quotidienne dans le travail contraste avec les simplifications culturales qu'engendrent les grandes cultures (comme le maïs) en agriculture conventionnelle. L'encadrement technique de celle-ci est aussi perçu par les agriculteurs comme une dépossession de leurs compétences par des systèmes experts représentés par les conseillers agricoles des coopératives céréalières ou laitières.

Dans ce contexte, la conversion biologique offre la possibilité de réinvestir et de revaloriser les pratiques professionnelles, en les enrichissant d'une réflexion quotidienne :

> Le travail est beaucoup plus intéressant en bio qu'en conventionnel, avant quand j'aidais mon père, c'était machinal et on n'avait pas d'initiative, alors qu'en bio, on est obligé de réfléchir à l'assolement, aux plantes complémentaires, à l'effet de telle ou telle culture sur le sol, c'est plus intéressant.

Pour les éleveurs, la conversion au bio permet de vivre la dimension et l'implication affective envers les animaux. Ce rapport au travail se construit dans une relation au vivant et implique une part affective forte. Le sentiment de bien-être animal et de « bien faire » construit positivement son rapport au métier et cette cohérence du moi entre ce qu'il aimerait faire et ce qu'il fait réellement.

L'élevage est un travail de mise en relation entre l'homme et l'animal qui utilise le corps, les sens. Cette médiation prend la forme d'un savoir-faire et d'un savoir-être de type métis que l'on peut difficilement objectiver. Pour se représenter, s'imaginer l'invisible comme les mécanismes vivants, le fonctionnement physiologique et comportemental des bêtes, l'éleveur utilise des images guides (Salmona, 2003). C'est-à-dire qu'il va s'identifier à ce qui se passe, et ce, en investissant son corps et ses sens (toucher, ouïe, odorat).

> Le soir, j'ai une habitude, même quand je rentre le soir, après une réunion, avant de me coucher, je fais le tour à l'étable, je regarde si tout est en ordre, tiens celle-là pour demain, elle est agitée comme ça, qu'est-ce qui se passe, celle-là, elle est couchée, il y a peut-être un problème, c'est même pas au moment où on donne à manger, mais au moment où elle rumine et tout ça, celle-là, elle ne rumine pas, tu vois que cette vache a quelque chose, donc, c'est des animaux, c'est quelque chose de vivant, il faut le surveiller, avoir l'œil dessus.

Ce travail d'identification est en fin de compte un processus d'anthropomorphisation du vivant animal et végétal, où l'agriculteur fait usage de comparaisons avec le corps humain pour penser et se représenter, s'imaginer les mécanismes vivants. Le travail d'élevage se caractérise ainsi par une relation de type organique à la nature (Moscovici, 1968) à savoir l'existence d'un continuum entre l'outil, le vivant et le corps. Effectivement dans ce cas d'espèce le corps joue un rôle de médiation, produisant du lien à la fois corporel (sensitif, toucher, ouïe), émotif et social (qui se définit par une relation de travail et l'investissement de savoir-faire) entre l'outil, le corps et le vivant. Cette relation organique se fonde sur l'expérience sensorielle, faisant appel à l'observation, au toucher, à l'ouïe, se manifestant sous la forme d'une attitude, d'une habilité qui sont autant de manières d'observer, de sentir, de se tenir, se caractérisant par l'acquisition d'un savoir de type métis (Jollivet et Mathieu, 1989). Ce savoir acquis à travers l'expérience de l'élevage est aussi mobilisé par les éleveurs pour parler, nommer les qualités vivantes du sol.

En comparant le travail mécanisé au travail manuel ou corporel, ce dernier, selon les dires des agriculteurs, permet d'optimiser la conduite de l'élevage en identifiant et anticipant d'éventuels maladies ou symptômes liés à l'état du troupeau. Pour exemple l'extrait d'un entretien avec un agriculteur qui compare l'alimentation mécanisée à celle manuelle des bovins :

> Ouais, c'est différent, c'est plus physique à la main, on a un contact, on voit les vaches au dessus, on voit s'il y en a une qui ne va pas bien, ou alors elles viennent, elles essaient de tendre la tête pour les caresses, alors qu'avec le tracteur, on fait du bruit, elles ne se rapprochent pas. [...] Il y a plus de contacts avec l'animal, moi je préfère avoir du contact avec les animaux, si un jour je dois faire quelque chose avec eux, ils ont moins peur, ils sont habitués, c'est plus agréable avec eux.

Le contact permet de développer des qualités, des aptitudes et attitudes telles que l'observation, le toucher, une intelligence pratique permettant la gestion de l'aléa, facteur important en agriculture dans la mesure où il s'agit d'une activité dépendante des cycles naturels, végétatifs et animaliers.

Pour les éleveurs, cette expérience sensible et affective trouve alors une possibilité d'être reconnue et valorisée dans des modes de production biologique. Cette reconnaissance leur permet de pratiquer leur métier tel qu'ils se le représentent et se l'imaginent. Cette correspondance entre ce qu'ils sont réellement (leurs pratiques) et la manière dont ils se voient (leurs espérances subjectives) participe à conforter une cohérence et une unicité émotionnelle du soi.

Les projets d'agriculture biologique portés par des « néo-ruraux »

Pour ces acteurs, le projet d'installation en agriculture biologique intervient lors de phases clés ou périodes charnières dans leur parcours biographique. Le plus souvent il s'agit d'un désajustement entre leur identité professionnelle (ce qu'ils sont) et leur espérance subjective (ce qu'ils aimeraient être) qui motive ces acteurs à initier un projet d'agriculture. Cet engagement est une réponse à ce hiatus et tente de réconcilier ou de réduire cet écart entre ce qu'ils aimeraient être et ce qu'ils sont réellement, socialement. Ils révisent leur identité professionnelle à l'aune d'une recherche d'épanouissement personnel. La recherche de sens reste alors la principale motivation de l'installation des néo-ruraux.

Le principal frein : l'absence d'héritage

Le principal frein à l'installation des néo-ruraux reste souvent l'accès au foncier et l'absence d'héritage matériel (bâtiment, matériel, troupeau). Le contournement de ces difficultés par les acteurs se traduit par des exploitations de types maraîcher, petits fruits, ovin viande ou caprin lait avec transformation. Sur les quatre individus enquêtés, trois s'étaient basés sur l'élevage caprin comme mode de production principal pour débuter leur installation :

> La chèvre ça demande pas beaucoup d'investissement au départ, ouais, enfin moins que les vaches déjà, une chamoisée c'est 80 euros tête [...] les bâtiments vous les construisez vous-même, si vous êtes un peu bricoleur. C'est ce qu'on a fait nous, beaucoup font comme ça et le système de traite on l'a acheté d'occase, il y avait une annonce dans chèvre magazine, des vieux qui arrêtaient leur troupeau de chèvres en Haute-Saône pour garder que les vaches, il y a juste la fromagerie, où là, les tables en inox alimentaires, le carrelage qui coûtent un peu cher [...] si on fonctionne par de l'autofinancement, on s'en sort déjà bien au bout de 2 ans, le tout c'est pas de faire des investissements lourds et des gros crédits, faut éviter ça.

Ce sont des projets dont les investissements restent abordables, mais aussi rapidement rentables. L'absence d'héritage familial (bâtiment, troupeau, matériel) peut donc être contournée par des projets à taille humaine le plus souvent autofinancés. Dans notre échantillon, seul un couple de néo-ruraux possède des bovins lait, mais l'acquisition du cheptel est intervenue plus tard une fois les bases financières de l'exploitation consolidées. C'est l'élevage caprin qui a fait office de levier quant à la viabilité de l'exploitation et sa pérennisation. En dehors de ce frein, la spécificité de ces acteurs est de pouvoir mobiliser des expériences et des compétences antérieures encourageant les fonctions écologiques de l'agriculture.

Le transfert de compétences acquises antérieurement

Même si leur socialisation professionnelle initiale reste en marge du milieu agricole, elle leur a souvent permis d'investir des ressources et des compétences acquises antérieurement. Il n'est pas rare de voir ainsi d'anciens ingénieurs en environnement, professeurs, agronomes investir leurs compétences initiales dans un projet d'agriculture. Au contraire, les connaissances naturalistes ou techniques viennent conforter et encourager une représentation du métier d'agriculteur associée à des fonctions écologiques. C'est notamment le cas d'une agricultrice en élevage ovin, qui, géographe de formation, se représente la parcelle comme un écosystème complexe :

> L'on essaie de faucher pas trop tôt pour que les graminées et les différentes espèces de fleurs puissent germer. Les risques, c'est de déséquilibrer la biodiversité, on essaie d'avoir une réflexion pour chaque type de terrain, de trouver un compromis en s'adaptant au terrain. C'est pour ça que l'on a des terrains variés, pour avoir des utilisations variées, s'il y'a des haies ou des buissons avec des nidifications. On ne va pas les arracher, soit on en fait un terrain de pâture et non de fauche, on essaie de trouver un compromis.

Dans ce cas la nature n'est pas perçue comme une seule ressource, mais également comme un milieu vivant et complexe. L'empreinte de l'agriculture consiste alors à impacter le moins possible le milieu et ses dynamiques. Ces pratiques légitiment les fonctions écologiques de l'agriculture où celle-ci participe à la reproduction et à la conservation de milieux sensibles. L'expertise naturaliste vient alors conforter une représentation de l'agriculture biologique qui repose également sur une représentation et une lecture scientistes du vivant et des interactions entre homme et milieu. De leur point de vue, le métier d'agriculteur est assimilé « au gardien des écosystèmes ».

Or, les motivations dépassent le seul processus de transfert de compétences d'un domaine d'activité vers un autre. La lecture scientiste du vivant et des interactions entre nature et agriculture recouvre également un sens beaucoup plus politique.

L'expression d'un capital militant

Cette signification n'est pas que purement professionnelle ou existentielle, elle répond aussi à un désir social d'un choix de vie. La qualité d'un mode de vie et d'un mode d'être centrés autour de valeurs spécifiques (environnementales, de décroissance) est aussi parmi les raisons des projets d'installation en bio. Pour finir, il arrive que les acteurs se caractérisent par un capital militant qu'ils cherchent aussi à investir et à exprimer dans le milieu bio. Le projet d'installation prend alors une dimension politique et l'exploitation est aussi un moyen de concrétiser ses convictions politiques. Comme le remarque un exploitant (ancien militant antinucléaire et militant à la confédération paysanne) installé en moyenne montagne (en caprin et bovin lait), l'agriculture est de son point de vue un véritable creuset d'idées et de projets de société :

> Être agriculteur biologique, c'est être citoyen du monde et c'est militer pour un monde où ce ne sont pas les firmes multinationales qui régissent tout. C'est aussi inventer de nouvelles manières de penser la société, de faire de la démocratie, d'imaginer des énergies alternatives, je pense que le changement peut venir des paysans.

Il va de soi que la recherche d'un mode de vie et les raisons plus politiques et engagées sont des motivations réciproques qui s'imbriquent. L'acte politique se concrétise aussi dans le choix d'un mode de vie centré autour de valeurs écologistes.

Au-delà du milieu d'appartenance des acteurs, c'est la question du sens, de la signification qui constitue le principal levier du processus de transition au bio. Les motivations et les formes qui les animent diffèrent selon le type d'acteurs.

Pour les acteurs d'origine agricole, la question de l'identité professionnelle est prégnante. Le processus de conversion au bio répond à une exigence et à un désir social fort de se relier avec le restant de la société. De leur point de vue, le bio apparaît comme une nouvelle identité professionnelle, une nouvelle manière de se voir, de se penser et de se définir par rapport au restant de la société. Pour la jeune génération d'agriculteurs en passation d'exploitation, la conversion au bio s'inscrit aussi dans un mouvement de réflexivité. Leur révision du modèle dominant centré sur les seuls aspects technicoéconomiques fait office de levier dans la construction de solutions et de choix alternatifs.

Pour les néo-ruraux, le projet agricole est une réponse à un désajustement entre ce qu'ils sont (le plus souvent professionnellement) et ce qu'ils aimeraient être. Le plus souvent dépossédés d'un héritage familial (passation d'exploitation, etc.), ils contournent cette difficulté en investissant dans des projets peu coûteux et rapidement amortis. En dehors de ce handicap, leur socialisation professionnelle antérieure leur permet de mobiliser des compétences encourageant une représentation scientiste des équilibres entre empreinte humaine et milieux.

Au regard de la diversité des parcours biographiques et des exploitations, on peut supposer que les acteurs rentrent différemment dans le processus de transition vers le bio. En dehors de l'agriculture de montagne, le risque pour les exploitants classiques convertis au bio serait de reproduire les mêmes logiques que celles de l'agriculture conventionnelle. En l'absence d'habitudes de transformation et de commercialisation, la filialisation en amont et en aval (technique et commerciale) ne contribue-t-elle pas à en cadrer la production ? Le risque existe dès lors du développement d'une agriculture biologique à deux vitesses, l'une en circuit court et jouissant d'une relative autonomie et une autre plus industrielle et encadrée.

Bibliographie

Christen, G., « De la norme technique au référent environnemental : déplacement social et conflits identitaires chez les élèves en formation agricole », in Cherqui, A., Hamman, P. (dir.), *Production et revendications d'identités : Éléments d'analyse sociologique*, Paris, L'Harmattan, 2009.

Jollivet, M., Mathieu N. (dir.), *Du rural à l'environnement*, Paris, L'Harmattan, 1989.

Moscovici, S., *Essai sur l'histoire humaine de la nature*, Paris, L'Harmattan, 1968.

Muller, P., Faure, A., Gerbeaux, G., *Les entrepreneurs ruraux : agriculteurs artisans, commerçants, élus locaux*, Paris, L'Harmattan, 1989.

Salmona, M., *Paysans français, le travail, les métiers, la transmission des savoirs*, Paris, L'Harmattan, 2003.

Stoessel-Ritz, J., « Le maïs ou la culture sans la nature », in Jollivet, M., Mathieu N. (dir.), *Du rural à l'environnement*, Paris, L'Harmattan, 1989, p. 111-121.

TROISIÈME PARTIE

TERRAINS SINGULIERS

CHAPITRE 6

L'essor de l'élevage laitier biologique en Alsace bossue

Florence HELLEC
Post-doctorante à l'INRA-ASTER, Mirecourt

André BLOUET
Enseignant-chercheur à l'Université H. Poincaré à Nancy

L'Alsace bossue serait-elle en train de devenir la première « région bio » française ? C'est en tout cas un secteur géographique sur lequel l'agriculture biologique est particulièrement répandue. Enclave alsacienne dans le département de la Moselle, l'Alsace bossue est une terre d'élevage bovin, principalement laitier. Comme son nom l'indique, il s'agit d'un territoire vallonné, occupé majoritairement par des prairies, mais aussi par quelques champs et d'anciens vergers[1]. Si le bio était pour ainsi dire inexistant sur ce secteur jusqu'au début des années 1990, il s'est ensuite développé régulièrement dans les élevages laitiers, la production de lait biologique passant de 1,2 million de litres en 1994 à 9,5 millions de litres prévus pour 2012. Aujourd'hui, 35 % des éleveurs laitiers d'Alsace bossue sont certifiés bio, et ce chiffre pourrait augmenter encore dans les prochaines années si la croissance de la consommation de produits laitiers biologiques se maintient.

Ce sont les opérateurs industriels qui ont encouragé le développement d'une filière de production de lait bio. Tous les éleveurs biologiques sont adhérents de la coopérative UNICOOLAIT, qui livre la totalité du lait collecté à l'entreprise Lactalis, leader sur le marché français du lait bio UHT. L'accroissement de la production de lait bio a été également possible grâce à un groupe d'éleveurs qui s'est organisé pour s'approprier les techniques *ad hoc*. C'est cependant une certaine

[1] Géographiquement, l'Alsace bossue est une région naturelle qui comprend les territoires autour des villes de Sarre-Union, de Drulingen et de la Petite Pierre. Sur le plan administratif, la communauté de communes d'Alsace bossue correspond au canton de Drulingen et regroupe 32 communes, sur une surface de 226 km^2.

forme d'agriculture biologique qui s'est développée sur ce territoire, caractérisée par une forte productivité des animaux. Dans la première partie de cet article, nous reviendrons sur l'histoire du développement de la filière du lait biologique en Alsace bossue. Dans la seconde partie, nous nous intéresserons plus particulièrement aux éleveurs biologiques, à leurs pratiques agricoles ainsi qu'au sens qu'ils donnent à leur métier et à l'agriculture biologique de manière plus générale.

Les résultats présentés sont issus d'une enquête menée en Alsace bossue en 2009 et 2010. Des entretiens ont été réalisés auprès de huit éleveurs laitiers biologiques, seuls ou en présence d'autres personnes travaillant sur la ferme. Il s'agissait d'entretiens biographiques, centrés sur la carrière professionnelle de l'éleveur et sur l'évolution de sa ferme, complétés par des questions plus précises sur leurs pratiques agricoles actuelles et passées. Le directeur d'UNICOOLAIT a été également rencontré ainsi que le conseiller local de la chambre d'agriculture du Bas-Rhin, un contrôleur laitier et un technico-commercial en produits de phytothérapie. Une vision plus générale de l'histoire agricole locale nous a été donnée par le conseiller général du canton de Drulingen.

Le rôle central d'UNICOOLAIT

Une démarche de filière

L'agriculture biologique s'est développée tardivement en Alsace bossue. Au début des années 1990, il n'y a qu'un petit élevage laitier qui pratique la biodynamie. C'est à cette époque que le directeur de la coopérative agricole UNICOOLAIT, dont le siège est à Sarrebourg et dont la zone de collecte couvre tout l'est de la Moselle, l'extrême sud-est de la Meurthe-et-Moselle, l'Alsace bossue et la région de Saverne, décide de créer une filière de production de lait bio. Il souhaite diversifier les activités de son entreprise dans un contexte de forte restructuration du secteur industriel laitier. Or l'agriculture biologique commence à bénéficier d'une reconnaissance institutionnelle (Piriou, 2002) et en 1992, les premières aides financières à la conversion sont mises en place par l'Union européenne. Le directeur propose alors à ses adhérents de se lancer dans la production de lait biologique. En Alsace bossue, sept d'entre eux ont répondu à son appel. Certains s'étaient déjà intéressés à l'agriculture biologique, mais d'autres découvraient ce mode de production. Tous ont appris les techniques du bio grâce à différents types de formation ainsi qu'aux échanges d'expériences entre eux, qui ont été largement facilités par la création de la Coopérative d'utilisation du matériel agricole (CUMA) des Prairies d'Alsace, pour l'acquisition du matériel nécessaire en bio. Dès leurs premières livraisons de lait certifié bio en 1994, les sept éleveurs pionniers ont bénéficié d'une plus-value sur le prix de vente. La même année, la coopérative fait face à des difficultés financières, qu'elle parvient à surmonter grâce à son association avec l'entreprise Lactalis (qui, à l'époque, s'appelait encore Besnier). Aujourd'hui, la coopérative n'a plus qu'une activité de collecte de lait, qu'elle commercialise ensuite à l'entreprise Lactalis via un contrat exclusif de vente.

Au milieu des années 1990, les dirigeants de Lactalis s'intéressent assez peu au lait bio, qui représente « une goutte d'eau dans [leur] océan laitier[2] ». Attentifs à l'évolution de leurs ventes, ils constatent cependant que celles de lait bio UHT progressent régulièrement sans qu'aucune publicité ne soit faite auprès du consommateur. Ils décident alors d'encourager le développement de la production, en aidant financièrement les éleveurs en conversion et en augmentant la prime bio. Cette décision intervient peu de temps avant la première crise de la vache folle de 1996, qui provoque une hausse de la consommation de produits biologiques. En 1999 sont mis en place les Contrats territoriaux d'exploitation (CTE), dispositif de subventions publiques destiné à soutenir les pratiques agricoles respectueuses de l'environnement. Les CTE financent notamment le passage au bio et les montants élevés des aides convainquent de nombreux éleveurs à faire le pas de la conversion. La fin des CTE sonne l'arrêt des conversions. Le marché des produits laitiers biologiques est devenu excédentaire au début des années 2000 et dans certaines régions, des éleveurs biologiques doivent vendre leur lait dans le circuit conventionnel. Mais en Alsace bossue, Lactalis respecte ses engagements auprès des producteurs et leur verse toujours la prime bio, que leur lait soit commercialisé ou non dans le circuit bio.

En 2008, 12 millions de litres de lait bio sont collectés par UNICOOLAIT, ce qui représente 10 % de sa collecte totale. L'Alsace bossue fournit à elle seule 7 millions de litres, produits par 20 éleveurs. Depuis 2008, on note une progression de la production bio sur l'ensemble de la zone de collecte de la coopérative. Les dirigeants de la coopérative, c'est-à-dire les administrateurs et le directeur, ont en effet engagé différentes actions pour encourager de nouvelles conversions en bio. Ils répondent ainsi à la demande de leur unique client, le groupe Lactalis, qui veut tirer profit de la croissance soutenue du marché des produits laitiers bio. La stratégie des dirigeants d'UNICOOLAIT est de représenter une part importante du lait biologique transformé par Lactalis, afin de rester un partenaire incontournable pour cette entreprise. Ainsi, en tenant compte des éleveurs actuellement en conversion, le directeur de la coopérative prévoit qu'en 2012, 20 millions de litres de

[2] Propos de M. Besnier, ancien directeur de Lactalis, rapportés par un des éleveurs pionniers rencontrés.

lait biologique seront collectés par son entreprise, dont 9,5 en Alsace bossue, produits par 27 producteurs. Ceci devrait alors représenter 35 % de la collecte totale de lait sur ce territoire.

L'essor de la production de lait biologique en Alsace bossue résulte donc d'une stratégie de diversification de la coopérative UNICOOLAIT et représente, comme l'a souligné maintes fois le directeur actuel de la coopérative, une « démarche de filière réussie ». Cette démarche implique également un contrôle technique et social du processus de conversion par les responsables de la coopérative.

Suivi technique et contrôle des conversions au bio

Les dirigeants d'UNICOOLAIT se sont très tôt préoccupés de l'accompagnement technique des agriculteurs se convertissant à l'agriculture biologique. Ces derniers avaient en effet tout à apprendre des techniques du bio, et devaient les adapter à leur région. Pour les premières formations qu'ils ont organisées avec les pionniers, les dirigeants de la coopérative ont recouru aux services d'un conseiller indépendant spécialisé en bio, qui avait débuté sa carrière comme technico-commercial chez Lemaire-Boucher[3]. Ils ont également fait appel à d'autres spécialistes reconnus du bio, comme les vétérinaires du Groupement d'intérêt économique (GIE) Zone Verte[4]. Parallèlement, les autres conseillers et techniciens agricoles du secteur se sont intéressés au projet de développement du bio. Le centre de gestion a ainsi été mobilisé pour calculer, avec l'aide du conseiller local de la chambre d'agriculture, les résultats technico-économiques des premiers producteurs biologiques. Les contrôleurs laitiers ont quant à eux établi des références pour l'alimentation des vaches et la qualité du lait qu'elles produisent.

Le technicien bio de la coopérative, qui a longtemps été directeur adjoint et est devenu directeur en 2010, est reconnu pour ses compétences techniques par l'ensemble des personnes rencontrées. C'est auprès de lui que les agriculteurs qui souhaitent se convertir viennent se renseigner. Il réalise le diagnostic initial, à partir duquel il détermine si la conversion est possible techniquement et rentable pour l'exploitation. Le responsable de la Chambre d'agriculture propose également des diagnostics de conversion, mais il semble moins sollicité. La collaboration entre les

---

3 La société Lemaire-Boucher a favorisé l'essor du bio en France dès les années 1950. Outre la vente de fertilisants organiques (lithotamne), elle avait une activité de conseil technique aux agriculteurs et possédait sa propre marque commerciale en agriculture biologique pour les céréales.

4 Le GIE Zone Verte a été créé en 2002 par des vétérinaires alternatifs, pratiquant l'homéopathie, la phytothérapie et la géobiologie. Il propose, outre les interventions directes dans les élevages, des formations aux éleveurs et techniciens agricoles et publie des ouvrages spécialisés.

différents organismes agricoles bas-rhinois initiée par les responsables d'UNICOOLAIT dans les années 1990 se poursuit aujourd'hui. Les journées techniques, formations et autres portes ouvertes organisées en Alsace bossue sur le bio font souvent intervenir plusieurs partenaires aux côtés de la coopérative, principalement l'Organisation professionnelle de l'agriculture biologique en Alsace (OPABA) qui sélectionne les intervenants via son réseau, mais aussi la chambre d'agriculture du Bas-Rhin. Les liens entre l'OPABA et UNICOOLAIT sont renforcés par le fait que la vice-présidente de la coopérative est l'épouse du vice-président du syndicat professionnel des agrobiologistes alsaciens.

Outre l'appui technique aux éleveurs, le technicien bio de la coopérative supervise l'ensemble des conversions en relation avec certains responsables bio du secteur. Le nombre d'agriculteurs qui peuvent se convertir est défini en fonction de la demande de Lactalis en lait bio. Il sélectionne ensuite certains éleveurs à partir des caractéristiques de leur exploitation et de leurs compétences techniques et leur propose prioritairement la réalisation d'un diagnostic de conversion. Ainsi, les responsables d'UNICOOLAIT exercent un contrôle important sur la dynamique de conversion en agriculture biologique en Alsace bossue.

Ce rôle central de la coopérative ne semble pas soulever de contestations, ni du côté des autres techniciens et conseillers agricoles locaux, qui participent également au suivi des élevages bios, ni du côté des éleveurs. De fait, ceux qui sont intéressés par la conversion s'adressent d'abord à leur coopérative afin de s'assurer que leur lait pourra être collecté dans le circuit bio. Contrairement à ce qui a pu être observé dans d'autres régions notamment à l'époque des CTE, UNICOOLAIT a toujours respecté ses engagements envers les éleveurs biologiques concernant la collecte de leur lait et l'octroi de la prime bio. Une confiance semble ainsi être établie entre les responsables de la coopérative et les éleveurs d'Alsace bossue. Sur ce point, ces derniers se distinguent des pionniers alsaciens du lait bio, situés plutôt dans la plaine et qui, dans les années 1970, se sont convertis alors même qu'ils n'avaient aucun débouché. Certains ont développé la vente directe, d'autres ont continué à livrer leur production dans le secteur conventionnel sans remettre en cause leur choix du bio, quand bien même ils ne pouvaient pas le valoriser économiquement.

L'environnement socio-économique des éleveurs laitiers biologiques d'Alsace bossue, caractérisé par le soutien des opérateurs industriels et la présence de techniciens et conseillers reconnus en bio apparaît donc favorable à une progression des conversions. Cet environnement inclut également l'ensemble des éleveurs bio du secteur, qui partagent volontiers leur expérience avec les autres agriculteurs. Ceux qui sont actuellement en cours de conversion soulignent qu'ils connaissent tous personnellement un agriculteur biologique – un voisin ou un membre de la famille – avec lequel ils ont pu discuter du bio. En particulier, le vice-président de l'OPABA, qui fait partie du groupe des premiers convertis, est fréquemment cité comme référent technique par les éleveurs enquêtés. La densité des relations entre les agriculteurs d'Alsace bossue qui ressort des entretiens et se manifeste notamment à travers l'existence de plusieurs CUMA[5] a ainsi largement contribué au développement du bio via une maîtrise collective des techniques de production. Nous allons maintenant expliciter la forme d'agriculture biologique que ces éleveurs ont développée localement.

Une agriculture bio qui associe performance et tradition

La rivalité avec la plaine alsacienne céréalière

Longtemps perçue comme un territoire pauvre, « reculé » voire « arriéré » par les autres agriculteurs bas-rhinois, l'Alsace bossue semble aujourd'hui prendre sa revanche grâce au développement du bio. Avec ses élevages bovins et ses nombreuses prairies naturelles, cette zone se différencie en effet nettement de la plaine alsacienne céréalière, aux terres fertiles. En Alsace bossue, les exploitations se sont d'ailleurs restructurées tardivement en comparaison avec le reste du département. La double activité était encore très répandue jusque dans les années 1970. Les fermes comprenaient alors différents types de production, principalement de l'élevage laitier, des porcs et des vergers. L'agrandissement des exploitations s'est opéré par l'absorption des plus petites fermes durant les années 1970-1980 et s'est accompagné d'une spécialisation dans la production laitière. Au cours des années 1980-1990, la société Réa, qui possède une usine à Sarre-Union, a lancé une production locale de pommes à jus pour son approvisionnement. Un grand nombre de vergers ont été implantés, mais la production s'est rapidement arrêtée à cause du choix de variétés mal adaptées à la région.

L'Alsace bossue est donc devenue au cours des trente dernières années un secteur d'élevage bovin laitier, qui comprend également quelques élevages allaitants. La culture de maïs fourrager a permis une intensification fourragère et donc une augmentation de la production laitière par animal, mais cette intensification est restée limitée compte tenu de l'importance des prairies naturelles. Or cette contrainte herbagère est aujourd'hui considérée comme un atout, dans la mesure où elle a facilité le développement du bio. En effet, le passage à l'agriculture

[5] Il existe plusieurs CUMA en Alsace bossue en plus de celle des Prairies d'Alsace, réservée aux agriculteurs biologiques. Ces CUMA associent des agriculteurs conventionnels et biologiques.

biologique suppose, pour les élevages bovins, une diminution des surfaces cultivées en céréales au profit des prairies et donc des compétences techniques pour la culture de l'herbe et son utilisation dans l'alimentation des animaux. À côté des éleveurs laitiers, certains éleveurs allaitants sont également passés en bio mais ils rencontrent régulièrement des difficultés économiques liées aux variations des prix de vente et à une absence de débouchés pour certaines productions.

C'est dans un tel contexte historique que s'inscrivent les huit éleveurs laitiers que nous avons enquêté. Ils se sont convertis au bio à des époques différentes : certains font partie des pionniers, d'autres sont en cours de conversion aujourd'hui, d'autres encore ont bénéficié des CTE. Si nous avons tenté de couvrir la diversité des éleveurs bios d'Alsace bossue à travers le choix des personnes à interviewer, des similitudes apparaissent cependant dans les profils sociologiques et les caractéristiques des exploitations, similitudes qui renvoient aux traits généraux de l'élevage laitier bio sur ce secteur. Tous les agriculteurs rencontrés sont issus du milieu agricole et ont repris la ferme familiale. La taille moyenne de leurs exploitations est de 186 ha, la plus petite ferme étant de 97 ha et la plus grande de 287 ha. Le quota moyen est de 384 750 litres de lait, produits par des vaches principalement de race Holstein. Ce sont donc des exploitations de taille assez importante, la production moyenne de lait en France étant de 157 682 litres par élevage biologique en 2008. Il faut cependant relativiser cette remarque par le fait qu'aucun éleveur ne travaille seul sur l'exploitation. La main-d'œuvre est d'ailleurs exclusivement familiale et comprend souvent un agriculteur ou une agricultrice relativement jeune (moins de 35 ans). Tant dans les fermes biologiques que conventionnelles, on observe en effet un renouvellement important des générations : les enfants s'installent fréquemment sur l'exploitation familiale. Se pose alors le problème de la diversification des activités afin d'accueillir ces nouveaux associés et conforter les revenus dégagés par l'activité agricole. Plusieurs éleveurs, qui estiment que la structure de leur exploitation est étroite, témoignent ainsi d'une volonté de « se développer ». Or aujourd'hui, les possibilités d'agrandissement sont beaucoup moins importantes qu'au cours des vingt dernières années. La production sous certification bio est alors considérée comme une forme de diversification, au même titre que la production de pommes à jus par le passé, comme nous pouvons le lire dans l'extrait d'entretien qui suit, réalisé avec un des premiers convertis :

> On était quand même assez limités au niveau des hectares par rapport aux surfaces alentour. Et à l'époque, on s'est posé la question… Je dirai, on était arrivés à un moment de saturation, en disant, bon, y a pas moyen d'avancer plus. […] Et, on s'est posé la question, qu'est-ce qu'on va faire ? Et puis, à l'époque, on parlait beaucoup de diversification… Donc, ici, sur la région, y en a plein qui se sont lancés dans la pomme à jus puisqu'il y avait Réa et

donc, on avait un peu suivi le dossier pommes à jus. Moi, j'étais pas trop arbres fruitiers, ça me tentait pas trop. Et après, il y a eu ce dossier bio à travers la laiterie, on a parlé comme quoi y aurait possibilité de faire du bio. Alors, je me suis dit pourquoi pas.

Si le bio permet de valoriser un territoire herbager via une production de qualité, il est également présenté par les agriculteurs rencontrés comme un mode de production plus exigeant que l'agriculture conventionnelle, nécessitant davantage de compétences techniques. Un tel point de vue s'inscrit là encore dans une concurrence professionnelle avec les agriculteurs de la plaine, qui « ne connaissent que les produits de traitement », voire sont « bornés », alors que les éleveurs d'Alsace bossue auraient « plus d'esprit d'ouverture ».

Deux nouvelles voies de diversification sont aujourd'hui envisagées pour les éleveurs biologiques, qu'ils soient laitiers ou allaitants, à savoir la production de pommes de terre et celle de poulets de chair en agriculture biologique. Ces projets s'inscrivent tout deux dans des démarches de filière, afin de répondre à la demande de la restauration collective, aujourd'hui approvisionnée par la plateforme Solibio créée par l'OPABA dans la plaine alsacienne. Pour l'instant, le projet d'élevage de volaille bio ne s'est pas concrétisé, les agriculteurs intéressés ayant juste suivi quelques jours de formations. Concernant la production de pommes de terre, les premiers plants ont été mis en terre au printemps 2010. Cette culture bénéficie d'une organisation collective du travail, chaque agriculteur étant chargé d'effectuer une opération culturale (plantation, binage, traitement insecticide agréé en bio, arrachage) chez l'ensemble des autres producteurs. Si le conseiller de la chambre d'agriculture voit dans ces projets des voies de développement pour l'agriculture locale, certains agriculteurs doutent cependant de la rentabilité de ces nouvelles productions, compte tenu de la vive concurrence qui les oppose à d'autres régions (Bretagne pour la volaille, Allemagne pour les pommes de terre).

La vente directe n'est généralement pas envisagée comme une voie de développement, soit parce que les agriculteurs ne souhaitent pas s'investir dans ce qu'ils considèrent comme un autre métier, soit parce qu'ils jugent la demande locale insuffisante. Seule une des fermes enquêtées commercialise en direct des légumes et des confitures. Un autre éleveur souhaite développer avec son épouse la transformation fromagère, mais des difficultés familiales l'empêchent de mener à bien ce projet pour l'instant. Après cette présentation de l'évolution générale des fermes d'élevage d'Alsace bossue, nous allons maintenant nous intéresser au système technique mis en œuvre par les éleveurs bios.

Le souci de la productivité

La comparaison avec le sud de la plaine des Vosges – autre secteur laitier de l'est de la France sur lequel le bio s'est développé (Hellec, Blouet, 2010) – nous permet d'appréhender plus finement les spécificités des pratiques techniques des éleveurs bios d'Alsace bossue. L'un des principaux traits des élevages est leur caractère très productif. L'ensemble du système technique est organisé autour d'un objectif central, qui est de produire la totalité du quota laitier attribué à partir des fourrages récoltés sur leur exploitation. Cet objectif conditionne d'ailleurs les conclusions du diagnostic de conversion. Le quota correspond en effet à un nombre de vaches laitières (une production moyenne par vache étant établie à partir des résultats actuels de l'éleveur et des références locales en bio) et à ce nombre de vaches correspond une certaine quantité de fourrage. Si la surface de l'exploitation n'est pas suffisante pour assurer l'autonomie fourragère, le technicien d'UNICOOLAIT déconseillera vivement à l'éleveur de se convertir. Ce raisonnement, classique en Alsace bossue, n'est pourtant pas suivi dans les Vosges où c'est la rentabilité globale de la ferme après conversion au bio qui est évaluée, que le quota soit produit en totalité ou non.

Cette volonté de produire le quota est autant celle de la coopérative que celle des éleveurs. L'activité totale d'UNICOOLAIT correspond en effet à la somme des quotas de ses adhérents ; si ceux-ci produisent moins que la quantité qui leur est attribuée, la coopérative voit son chiffre d'affaires diminuer[6]. De leur côté, les éleveurs d'Alsace bossue revendiquent une agriculture biologique performante techniquement et économiquement, et ils cherchent à optimiser leur système dans ce but. Ils manifestent une certaine fierté à atteindre des niveaux de productivité[7] ou de qualité équivalents à ceux des éleveurs herbagers conventionnels, comme cela apparaît dans le passage d'entretien qui suit :

> Depuis, y a plusieurs personnes, les fraîchement reconvertis, ils ont tous continué à faire du maïs et le voisin qui est depuis 1999 en bio lui il en fait chaque année. Il réussit à faire du très beau maïs, même plus beau que les voisins conventionnels.

Par ailleurs, les éleveurs alsaciens n'hésitent pas à acheter du fourrage lors des « mauvaises années » de production, toujours dans le but d'assurer le quota. Ce n'est pas le cas des éleveurs vosgiens, qui vont

---

6 La coopérative encourt également le risque de perdre une partie de son activité. En effet, un éleveur qui produit moins de 70 % de son quota durant deux années de suite est considéré par l'administration comme étant en sous-réalisation structurelle. Une partie de son quota peut lui être repris pour être attribué à d'autres fermes.

7 Certains éleveurs biologiques d'Alsace bossue parviennent à produire autour de 7 500 kg de lait par vache.

accepter une baisse passagère de la production, considérée comme l'un des aléas du bio.

Ces choix se traduisent par des pratiques techniques particulières, comme une culture intensive des prairies, voire parfois celle de maïs fourrager, pour garantir un certain niveau de production laitière des vaches. De plus, la modification du cahier des charges de l'agriculture biologique en 2009, due à une volonté d'homogénéisation des labels des différents pays européens, a entraîné quasi automatiquement un changement des pratiques d'alimentation dans une partie des élevages enquêtés, comme l'augmentation de la part d'ensilage dans la ration des vaches afin d'accroître leur productivité. Cet assouplissement du cahier des charges, qui n'a pas soulevé de controverse en Alsace bossue, a été pourtant vivement critiqué dans les Vosges, les éleveurs considérant qu'il entraîne une intensification de la production et un risque de problèmes de santé pour les animaux.

La recherche de productivité, associée à la valorisation de la technicité, est présente chez tous les éleveurs enquêtés. On observe ainsi une certaine homogénéité des systèmes techniques des élevages biologiques d'Alsace bossue. Cela s'explique à la fois par la position dominante du technicien de la coopérative dans le conseil aux éleveurs ainsi que par les échanges nombreux entre ces derniers, qui favorisent une uniformisation des façons de travailler.

Cette présentation rapide des techniques mises en œuvre par les éleveurs bios d'Alsace bossue permet d'observer l'impact de l'industrie laitière sur les pratiques. Aux yeux de certains observateurs, la filière laitière biologique d'UNICOOLAIT constituerait un exemple notoire du phénomène de « conventionnalisation » de l'agriculture biologique, selon lequel les industries d'amont et d'aval façonneraient les structures des exploitations agricoles biologiques et les pratiques agricoles, ce qui conduirait à leur alignement sur celles des fermes conventionnelles (Buck *et al.*, 1997). Certes la logique industrielle est très présente en Alsace bossue. Cependant, son impact sur les élevages doit être nuancé par le rôle des agriculteurs qui ont élaboré collectivement un modèle technique local, d'une part, et par le sens qu'ils donnent à la pratique de l'agriculture biologique, d'autre part. Car pour eux, le métier d'agriculteur va de pair avec le maintien d'un mode de vie particulier, qui repose notamment sur certaines traditions locales.

L'agriculture biologique, un mode de vie ?

Dans les travaux de recherche qui s'intéressent aux raisons pour lesquelles des agriculteurs choisissent de se convertir à l'agriculture biologique, il est courant d'opposer les motivations économiques aux valeurs éthiques (Lamine, Bellon, 2009). Force est de constater qu'en Alsace bossue, l'engagement des éleveurs dans la production biologique correspond à un choix économique. Et cependant, il serait caricatural de s'arrêter à cette seule explication. Les considérations financières ne résument pas, loin s'en faut, l'intérêt que ces éleveurs ont pour le mode de production bio. Tout d'abord, l'agriculture biologique a représenté pour les pionniers, et représente encore pour ceux qui sont actuellement en conversion, un défi technique. D'après les éleveurs rencontrés, la pratique du bio suppose davantage de compétences que celle de l'agriculture conventionnelle. Une lassitude liée à un système technique performant, mais engendrant un travail routinier, un besoin de découvrir et d'expérimenter de nouvelles techniques de production sont autant de raisons avancées par les agriculteurs pour expliquer leur choix du bio.

L'impact des pesticides sur la santé humaine est un autre élément mis en avant par plusieurs éleveurs pour justifier leur conversion au bio. Certains étaient en effet confrontés à des problèmes de santé lorsqu'ils utilisaient des produits phytosanitaires, d'autres préféraient ne pas réaliser eux-mêmes les traitements. De manière générale, ces agriculteurs soulignent qu'ils étaient alertés des dangers des produits phytosanitaires, en tant qu'utilisateurs, mais aussi pour les riverains :

> Quand je passais le pulvérisateur, j'ai toujours eu la chair de poule parce que les dernières années il y avait des maisons avec des jeunes. Les maisons sont venues et elles sont sur la limite de mes parcelles. [...] Je voyais les gosses jouer dans le jardin et le vent qui venait encore. C'était juste contre les maisons et ça me foutait les boules à chaque fois que je mettais ça en marche. Ça non plus, je n'aimais plus.

Plus généralement, le choix du bio s'inscrit dans un mode de vie local auxquels les éleveurs sont attachés et qui repose notamment sur une pratique importante de l'autoconsommation. Nous l'avons indiqué, les élevages actuels d'Alsace bossue résultent de l'évolution de petites fermes qui associaient différentes productions, comme l'élevage porcin, la culture de pommes de terre ou les vergers. Si les exploitations se sont spécialisées dans la production laitière, ces autres activités agricoles se sont souvent maintenues dans le cadre privé, comme le souligne une des agricultrices enquêtées :

> On a un cochon tous les ans, on refait du saindoux tous les ans. On fait du jus de pomme, on fait du vin. On a continué à garder tous ces petits trucs que les parents faisaient, on a continué à les faire.

La transmission de savoirs-faire traditionnels (comme l'abattage du cochon et sa transformation en charcuterie, la fabrication de jus de fruits, de vin et d'eaux de vie) apparaît ainsi très répandue dans cette région, tant chez les agriculteurs biologiques que conventionnels. Or, elle repose sur des relations fortes entre les générations familiales : les grands-parents s'occupent souvent des petits élevages, certains travaux comme l'abattage du cochon ou la cueillette des fruits nécessitant la participation de tous.

Dans certains cas, le passage au bio conduit à un redéploiement de ces activités domestiques : on agrandit le potager, on réapprend à fabriquer du vin ou du jus de fruits. Pour les éleveurs concernés, il s'agit alors d'un retour à un mode de vie plus « traditionnel » parallèlement à une prise de distance avec une société trop centrée sur la consommation. Les éleveurs pionniers sont les plus explicites sur ce point. Ainsi, un couple indique qu'avec le passage au bio, ils ont « appris à voir la vie un peu différemment » :

> Oui ça a changé, on essaie aussi de convaincre nos amis ou de leur faire voir différemment. On a changé plein de choses, oui. Notre façon de vivre. Ou notre façon de voir les choses, oui. [...] Essayer de faire comprendre aux amis, dont le seul souci c'est d'avoir de nouveaux carrelages dans la salle de bains parce qu'ils en ont marre. D'essayer de leur expliquer que c'est vraiment pas important. Que les carrelages, autrefois, chez les gens, ils avaient deux générations et qu'ils n'ont pas besoin de changer les carrelages tous les cinq ans parce qu'ils en ont marre.

Seuls quelques éleveurs associent la conversion au bio à un cheminement personnel, d'ordre éthique. Mais tous établissent un lien entre l'agriculture biologique et leur mode de vie, qui repose sur des relations familiales et intergénérationnelles fortes et sur le maintien de certaines pratiques « traditionnelles ». Cette remarque nous renvoie au constat dressé par Barrès *et al.* (1985) : pour une partie des agriculteurs, le passage au bio a permis de maintenir un type d'agriculture hérité de leurs parents et ainsi de résister au processus de modernisation de l'agriculture française, porté par les politiques agricoles des années 1960-1970 et les opérateurs industriels. En Alsace bossue, les éleveurs ne revendiquent pas une telle opposition à la modernité, bien au contraire. Cependant, le bio sur ce territoire correspond à une forme de compromis entre performance technico-économique – et donc professionnelle – et attachement à un héritage culturel familial.

L'essor de l'élevage laitier biologique en Alsace bossue résulte donc de la combinaison de plusieurs facteurs, qui tiennent à la fois à l'action des responsables de la coopérative UNICOOLAIT et à l'implication d'une partie des éleveurs du secteur. Ainsi, le soutien économique et l'accompagnement technique mis en place par la coopérative pour encourager le développement de la production de lait bio se sont révélés efficaces. De leur côté, les éleveurs ont su se mobiliser collectivement pour acquérir la maîtrise des techniques du bio au début des années 1990, et pour les diffuser auprès de ceux qui, depuis, ont également fait le choix de se convertir.

Quelles sont finalement les spécificités des valeurs défendues par les éleveurs laitiers biologiques d'Alsace bossue ? Conduisent-elles à une critique de l'agriculture intensive et de sa place dans la société, à l'instar de ce que défendaient les fondateurs de l'agriculture biologique (Besson, 2009) ? Comme nous l'avons montré, la performance technique et économique de l'exploitation agricole constitue le socle de l'identité professionnelle des éleveurs rencontrés. Les critères qu'ils mobilisent pour évaluer leur travail sont ainsi très proches de ceux des agriculteurs conventionnels. De fait, la pratique du bio leur permet d'acquérir une légitimité face aux « riches » céréaliers de la plaine alsacienne. Par ailleurs, le mode de vie basé sur l'autoconsommation, certes particulièrement marqué chez les éleveurs biologiques d'Alsace bossue, se retrouve chez une partie de la population du secteur, qu'elle soit agricole ou non. L'agriculture biologique d'Alsace bossue ne semble donc pas constituer un ferment actif de contestation de l'ordre social actuel. Néanmoins, le passage au bio s'accompagne chez certains de réflexions portant sur les relations entre l'agriculture et la santé, entre l'agriculture et l'environnement, voire parfois d'une remise en cause de la société de consommation. En ce sens, le développement de l'agriculture biologique en Alsace bossue participe peut-être d'une révolution silencieuse, dont les effets sont actuellement peu visibles, mais qui pourraient conduire progressivement à un changement des comportements sociaux.

Bibliographie

Barrès, D., Bonny, S., Le Pape, Y., Rémy, J., *Une éthique de la pratique agricole. Agriculteurs biologiques du Nord-Drôme*, Paris, INRA, 1985.

Besson, Y., « Une histoire d'exigences : philosophie et agrobiologie. L'actualité de la pensée des fondateurs de l'agriculture biologique pour son développement contemporain », in *Innovations Agronomiques*, 2009, n° 4, p. 329-362.

Buck, D., Getz, C., Guthman, J., « "Archaic" Relations of Production in Modern Agricultural Systems : the Organic Vegetable Commodity Chain of Northern California », in *Sociologia Ruralis*, 1997, vol. 37, n° 1, p. 3-19.

Hellec, F., Blouet, A., « Is Organic Farming More Liveable ? A Survey of Dairy Farmers in the East of France », in *9th European IFSA Symposium*, 4-7 juillet 2010, Vienne.

Lamine, C., Bellon, S., « Conversion to Organic Farming : a Multidimensional Research Object at the Crossroads of Agricultural and Social Sciences. A Review », in *Agronomy for Sustainable Development*, 2009, n° 29, p. 97-112.

Piriou, S., *L'institutionnalisation de l'agriculture biologique (1980-2000)*, Rennes, Thèse de doctorat, École Nationale Supérieure d'Agronomie de Rennes, 2002.

CHAPITRE 7

La viticulture, une nouvelle modernisation

Michel STREITH

Chargé de recherche CNRS, laboratoire LADYSS

La viticulture biologique connaît un essor conséquent en Alsace. Elle représente même, avec la production laitière, le secteur moteur du développement du bio à l'échelle régionale. Ceci amène des questions sur les raisons du succès. L'enjeu est de taille. La compréhension des processus de développement de la viticulture bio peut fournir des éléments d'appréhension et d'analyse du réel mobilisables dans des contextes et, éventuellement, des secteurs agricoles différents. Il ne s'agit pas de faire de la viticulture alsacienne un exemple à suivre ; toute comparaison avec d'autres sites viticoles est soumise à des aléas climatiques et agronomiques qui rendent les similitudes inopérantes. L'objectif est plutôt de fournir des outils permettant une compréhension des enjeux sociaux de cette réussite. Nous postulons que le développement important de la viticulture bio en Alsace est d'abord une question d'hommes avant d'être une question économique, technique ou commerciale. Ce sont les viticulteurs qui ont forgé leurs outils et donné du sens à leurs actions, outils et sens qui éclairent des enjeux sociétaux plus généraux. C'est dans cette optique que nous nous attacherons à décrire et à analyser, dans un premier temps, des actions ayant participé à l'essor du bio. Dans un deuxième temps, nous renverrons au contexte dans lequel ces actions prennent place. Enfin, à la lumière de ces expériences, nous nous interrogerons sur les perspectives de développement du bio.

Les pratiques collectives, un terreau pour le bio

S'appuyant sur des expériences de limitation d'usage de produits phytosanitaires, menées dans leurs propres exploitations, une quinzaine de viticulteurs du Bas-Rhin décide, en 1994, d'élaborer un cahier des charges pour une pratique viticole plus respectueuse de l'environnement. L'association « Tyflo » est officiellement créée en 1997, elle compte 14 membres. Les effectifs ne cessent d'augmenter jusqu'en 2001, année où ils atteignent 93 viticulteurs répartis sur 1 100 ha. Ils diminuent régulièrement depuis avec 71 membres en 2007 et 33 en 2009. L'objectif de l'association est de mettre en œuvre des techniques limitant le recours à l'usage des produits phytosanitaires. L'une des premières actions est de réintroduire le typhlodrome et d'éviter ainsi l'emploi d'acaricides. L'enherbement est rendu obligatoire entre les rangs de vigne. Seul un désherbage chimique dit « de contact », pour éviter les résidus dans le sol, est autorisé dans le « cavaillon », étroite bande de terre entre deux ceps.

Les viticulteurs de l'association souhaitent valoriser leurs productions à l'aide d'une certification validant leur cahier des charges. Ils prennent contact avec l'OILB (Organisation internationale de lutte biologique et intégrée), fondée en 1956, qui a pour but de développer les organismes auxiliaires de la vigne afin de diminuer le nombre d'applications d'insecticides. En 1990, après 30 ans d'expérimentation sur le terrain, l'OILB formalise la création d'un label en production intégrée qui est obtenu après des contrôles annuels et une certification. L'association Tyflo est la seule adhérente française. L'intégration se fait en deux temps. Tout d'abord, il faut s'insérer dans une grille « type », élaborée par l'OILB, qui vaut pour toutes les productions agricoles, quel que soit le pays. Le cahier des charges mis en place en 1994 par Tyflo convient aisément. Ensuite, l'OILB demande aux viticulteurs de procéder à une autoévaluation. Pour cela, l'association crée des points de règlements « incontournables » qui sont les bases de l'engagement en mode de production dit intégré. L'association est bien avancée sur les questions de protection et de valorisation de l'environnement. Pour preuve les contacts qu'elle a avec d'autres groupes dans le Beaujolais ou le Val de Loire membres d'une association appelée « Terra Viti » qui pratiquent une agriculture raisonnée labellisée. Selon la conseillère de la Chambre d'agriculture du Bas-Rhin, détachée auprès de Tyflo, le cahier des charges de l'agriculture raisonnée est moins restrictif. Il est vrai que cette dernière va plus dans le sens d'une réduction des produits chimiques qu'une substitution de procédés culturaux.

Les viticulteurs de Tyflo se sentent plus proches d'une « démarche bio » sans se référer au même cahier des charges. Mais, dans les faits, la baisse des effectifs de l'association depuis 2001 correspond à un transfert progressif de ces adhérents vers l'agriculture biologique. Ainsi, les fondateurs sont passés en bio et quelques grands domaines et de gros négoces qui ont entraîné avec eux les petits exploitants fournisseurs de raisins à vinifier. L'association a servi pour nombre de viticulteurs de « rampe de lancement vers le bio ». Ils ont pu expérimenter les méthodes de culture, puiser des conseils techniques chez les membres de l'association, évaluer leur potentiel de développement commercial en fidélisant une clientèle motivée par les questions environnementales ou, pour certains, proposer une « niche » dans leurs coopératives. Les exigences accrues en matière de certification au sein du Tyflo ont préparé le terrain à des conversions au bio à une période où les savoirs n'étaient pas autant « fixés » qu'aujourd'hui.

Une enquête interne à l'association, réalisée en 2009 apporte des éléments de confirmation de l'intérêt pour l'agriculture biologique, tout au moins au plan technique. Dix viticulteurs sur 33 ont répondu à un questionnaire proposé par la conseillère agricole portant sur les orientations et la gestion de l'association, le fonctionnement des contrôles, la formation, la communication. Les mentions à l'agriculture biologique apparaissent dans les nouvelles impulsions à donner au groupe. Ainsi, sept viticulteurs sur dix estiment qu'il faut intégrer l'aide au passage au bio dans le fonctionnement de l'association en regroupant les anciens du Tyflo convertis ou d'autres vignerons déjà en bio. Si l'on considère les avis détaillés, les conceptions sont plus nuancées et font débat. L'un d'eux exprime la possibilité d'un rôle formateur de l'association en ces termes : « plutôt que d'offrir une alternative concurrentielle et moins stricte, Tyflo devrait aider à la généralisation du bio ». Un autre souligne que « l'association devrait se promouvoir davantage auprès d'autres vignerons, mais surtout auprès des consommateurs afin de créer un élan d'engagement et de proposer une alternative au bio », car, dit un troisième « quelques règles sont mieux que le bio, comme l'année de repos du sol avant la plantation et l'analyse des sols ». Quelles que soient les orientations décidées par la suite, la question de l'agriculture biologique se greffe sur un terrain de savoirs techniques constitués depuis de nombreuses années et de pratiques de réflexion aguerries à des sujets aussi variés que le travail du sol ou la commercialisation. Cette capacité à prendre en charge collectivement des problèmes relevant de situations individuelles tient à l'antériorité de l'association. En effet, il m'est apparu au cours des entretiens que le Tyflo était la continuité d'une structure existante depuis la fin des années 1960.

Avant Tyflo

Les membres du Tyflo de la fin des années 1990 travaillaient déjà ensemble dans une structure plus ancienne, un Centre d'études techniques agricoles[1] (CETA) créé en 1969 et regroupant des viticulteurs du

[1] Les CETA sont des associations d'une vingtaine d'agriculteurs qui se regroupent sur la base du volontariat pour échanger des informations, mettre en commun des expériences et élaborer des projets de développement en bénéficiant de l'aide d'un conseiller agricole détaché par la Chambre d'agriculture.

Bas-Rhin[2]. Ce groupe était constitué majoritairement de syndicalistes et de quelques militants de la Jeunesse Agricole Chrétienne (JAC). Leur problème majeur était la commercialisation. En effet, la grande majorité du groupe était composée de producteurs qui exécutaient l'ensemble des tâches que requiert la fabrication du vin à savoir la viticulture, la viniculture et la vente. Les savoir-faire existaient pour les deux premières tâches, ils manquaient pour la troisième. La vente directe était pratiquée, mais de manière très empirique ; il convenait de trouver des solutions pour rechercher de nouveaux clients, les fidéliser, se faire connaître. Une réflexion s'est engagée sur le thème de la vente ; cela a permis de constituer un groupe structuré d'une vingtaine de vignerons qui a subi peu de changements durant plus de trente ans. Selon M. Kieffer, le fait de « parler argent » dès la fondation du CETA a levé les inhibitions et les tabous et a permis aux viticulteurs de « jouer cartes sur table » et de créer une dynamique d'action collective.

À partir des années 1980, le groupe a progressivement évolué vers d'autres préoccupations, plus environnementales. Des réflexions et des expérimentations ont été menées sur les questions de travail du sol, de désherbage non chimique, d'enherbement, de pratiques partielles en bio. Les présidents de l'association changeaient tous les deux ans, cela favorisait la réorientation des centres d'intérêt. En 1997, le CETA s'est transformé en Tyflo et, dès 2001, de nombreux adhérents se sont convertis à l'agriculture biologique et ont quitté l'association. La diminution des effectifs n'est pas pour autant inéluctable. La conseillère de la Chambre d'agriculture auprès de l'association travaille à un projet de « retour » des bios qui interviendraient sous la forme de consultants auprès des adhérents qui envisagent un passage au bio. Le revirement des années 2000 ne s'explique pas uniquement en raison de la pression d'une demande sociale. Nombre de viticulteurs du CETA et de Tyflo avaient acquis, au fil des ans, une maîtrise technique de la gestion biologique de la vigne. D'après M. Kieffer, il était devenu possible pour ces viticulteurs de passer au bio sans perdre beaucoup de rendements, les pertes étant compensées par une recherche d'amélioration de la qualité et la captation d'une nouvelle clientèle, notamment allemande. Aux dires du conseiller, les limites à la conversion au bio seraient liées au problème du surcoût de la main-d'œuvre, en particulier pour les grandes exploitations de plusieurs dizaines d'hectares situées en terrain pentu.

Ce détour par un projet original de développement local met en évidence la scansion particulière d'actions qui mêlent la remarquable

---

2 L'histoire de cette association m'a été racontée dans le détail par M. Kieffer, conseiller agricole à la Chambre d'agriculture, animateur et membre fondateur du premier CETA viticole du Bas-Rhin. Je le remercie vivement pour ce témoignage.

continuité, durant quarante ans, d'une « élaboration collective des pratiques » et la réactivité rapide à des changements qui ont eu à voir en grande partie avec un projet national de modernisation dans les années 1960, que nous allons analyser dans le paragraphe suivant puis avec une progressive « écologisation des pratiques » dans l'agriculture à partir de la fin des années 1990. Nous pouvons tirer de cette expérience quelques enseignements d'importance en matière de débats sur le développement de l'agriculture biologique. En effet, cette capacité des agriculteurs à jouer sur deux temporalités, l'étirement de la vie associative et la rapidité des changements de politique agricole, nous invite à approfondir la question des savoirs constitutifs des pratiques d'adaptation aux transformations sociales et politiques. Cette problématique a été soulevée dès la fin des années 1950 par la sociologie rurale naissante.

La modernisation agricole des années 1960

Dans un ouvrage intitulé *Les paysans et la modernisation de l'agriculture*, le sociologue Mendras (1958) analyse les transformations en cours dans l'agriculture à la fin des années 1950. Cet ouvrage, qui préfigure *La fin des paysans* écrit quelques années plus tard, est réalisé à la suite d'enquêtes menées dans le Sundgau, petite région agricole aux sols pauvres et marécageux du sud de l'Alsace. Mendras a sans doute voulu « tester » ici ses thèses sur la modernisation auprès d'une population de petits paysans, présumée rétive aux changements.

L'approche de Mendras sur « les problèmes généraux du changement dans les sociétés rurales », titre de sa longue introduction, emprunte beaucoup à la psychologie, plus exactement aux comportements des paysans face aux bouleversements en train de se jouer dans les campagnes. Et pour les paysans ceux-ci sont de taille : il s'agit de moderniser les bâtiments et le matériel, d'adopter de nouvelles techniques, de répondre à de nouvelles injonctions (nourrir le pays, exporter), de quitter un mode de vie ancestral pour devenir des entrepreneurs, de vivre comme des citadins. Le changement est considérable, même si dans le domaine technique il est en route depuis la fin de la Première Guerre mondiale.

Un des aspects développés par Mendras pour rendre compte de l'importance des ressorts psychologiques à l'œuvre dans la modernisation a trait à l'importance du travail de groupe. Mendras décrit le phénomène dans ces termes : « Il est toujours difficile, dans un village français, à un paysan de suivre seul le progrès [...]. Pour s'étendre rapidement, la modernisation de l'agriculture doit donc être un mouvement collectif » (Mendras, 1958 : 18). L'auteur cite ensuite les CETA comme un exemple pour surmonter les blocages et les inhibitions. Il souligne le fait que les paysans payent leur ingénieur-conseil donc dépassent les réticences à recevoir des directives « du haut ». Entre les paysans du CETA, la confiance est restaurée, car tous participent d'un objectif commun. Les paysans sont « assurés de l'approbation et du soutien des autres membres ; tout concourt à renforcer l'estime de soi des intéressés au lieu de la mettre en péril » (Mendras, 1958 : 17). Il faut souligner également l'importance des « discussions de groupe » dont les psychologues et les sociologues s'accordent à montrer l'efficacité dans les prises de décision de changement. Trois décennies plus tard, cette pratique du dialogue est toujours analysée par un sociologue comme Darré comme facteur d'influence de l'attitude des agriculteurs face à l'innovation, dans le sens du rejet comme de l'acceptation (Darré, 1996).

L'ouvrage de Mendras met en évidence l'enjeu fondamental de tout processus de modernisation. Selon l'auteur, celui-ci est inéluctable, car il correspond à un stade donné de développement industriel et/ou traduit un profond changement culturel dans la société. Nous sommes dans une problématique de transition. Mais, comme dans toute transformation sociale de grande ampleur, nous avons à faire face à des « dégâts ». L'arrière-plan du texte de Mendras met ce constat en relief : la modernisation est en route, mais cela se fait au prix de la fin d'une société paysanne qui a forgé les milieux ruraux durant des décennies[3]. Ce souci constant de Mendras de mobiliser les auteurs et les outils de la psychologie signale l'attention qu'il porte aux traumatismes provoqués par la modernisation. Rose-Marie Lagrave souligne que cette approche n'était pas partagée par toute la communauté, très réduite, des sociologues ruraux de l'époque. Elle mentionne le discours critique de Placide Rambaud sur les « méfaits du progrès », thèse partagée par la plupart des sociologues du groupe de Mendras, qui met en avant « les capacités d'adaptation des agriculteurs à la société industrielle » (Lagrave, 2009 : 59). Cette divergence repose sans doute sur des conceptions privilégiant la dimension plus structurelle ou plus dynamique des phénomènes sociaux. Mendras considère la modernisation comme un élément exogène aux pratiques et aux savoirs paysans, Rambaud pense la modernisation comme susceptible d'être « endogénéisée ». Il est également un auteur qui développera la relation entre ces deux dimensions en mettant en évidence leurs relations, il s'agit de Pharo. Son ouvrage « Savoirs paysans et ordre social » peut être sollicité pour l'analyse de notre sujet.

Pharo rappelle cette spécificité du métier d'agriculteur : les savoirs sociaux et techniques sont constitués pour une grande part en dehors de la seule institution scolaire. Dès lors, les « savoirs professionnels des agriculteurs ne peuvent être compris et analysés que s'ils sont rapportés

---

[3] Le texte de 1958 préfigure en ceci la *Fin des paysans* qui sera publié neuf ans plus tard.

au processus endogène de leur constitution » (Pharo, 1985 : 7). Pour revenir à notre matériau, nous percevons mieux le fonctionnement de l'association CETA à la lumière des travaux de Pharo. L'association ne joue pas un rôle de diffusion de nouvelles techniques, mais elle suscite des opérations cognitives qui sont constitutives de pratiques sociales (Pharo, 1985). Ainsi, les échanges de connaissances entre individus ayant des « profils » sociologiques et des vécus très différents débouchent sur des actions concrètes qui ont permis, successivement, d'améliorer la commercialisation des productions et les « performances » écologiques viticoles. Il convient de tester cette hypothèse à la lumière de la « nouvelle » modernisation agricole en cours depuis le début des années 2000.

Vers une « modernisation écologique » ?

Depuis une dizaine d'années, l'agriculture biologique est soumise à des injonctions émanant de milieux très divers. Au premier plan se trouve la demande des consommateurs pour des produits de qualité qui a pris corps et s'est accrue à la suite des crises sanitaires survenues aux échelles nationales, européennes et/ou mondiales durant les années 1990 (crises porcines, bovines et aviaires). Ces crises ont sensibilisé les consommateurs à l'importance des modes de production agricole et de leurs influences sur les qualités gustative, nutritive et sanitaire des denrées alimentaires. Depuis le Grenelle Environnement d'octobre 2007, le pouvoir politique s'est emparé à son tour de la question agricole et environnementale en assignant un rôle spécifique à l'agriculture biologique. Un plan « Agriculture Biologique » a été mis en place en septembre 2007. Il se donne pour but de porter le taux de couverture de la SAU nationale cultivée en bio de 2 % à 6 % en 2012. La réalisation de cet objectif ambitieux passe par un programme en cinq axes : la structuration des filières (amélioration de la collecte, de la transformation et de l'accroissement de l'offre), le développement de la recherche et de la formation (augmentation du nombre et des moyens accordés aux projets de recherche, offre d'une formation pour tous les élèves des sections agricoles), l'incitation auprès de la restauration collective à introduire du bio dans ses repas, l'harmonisation de la législation européenne (entrée en vigueur d'une réglementation européenne depuis le 1er janvier 2009), le soutien à la conversion et la pérennité des exploitations bios.

Cette importante mobilisation n'est pas sans rappeler celle qui prévalut lors de la modernisation agricole des années 1960. Certes, au plan de l'investissement financier de l'État, la comparaison est intenable, car les montants alloués aujourd'hui aux agricultures respectueuses de l'environnement sont de faible niveau comparé aux efforts entrepris cinquante ans auparavant pour transformer les outils de production et les manières de travailler. Mais des similitudes s'observent quant aux discours et à l'idéologie du projet. Le développement de l'agriculture biologique entrerait dans le cadre d'un changement de grande ampleur, observable dans les sociétés occidentales, qualifié de « modernisation écologique » par Marsden (2004). Selon cet auteur, l'émergence de la modernisation écologique prend d'ailleurs appui sur une critique de la modernisation des années 1950-1960, dite « modernisation agro-industrielle », présentée comme responsable de nombreux dégâts sociaux, environnementaux et sanitaires et ne répondant plus aux attentes des populations. Marsden rappelle que l'aspect central de la modernisation écologique en cours est un « ré-enchâssement graduel de l'écologie dans les institutions de l'économie », ce processus[4] créé « des espaces pour une rationalité écologique aussi bien qu'économique » (Marsden, 2004 : 131). Ce projet impose de nouveaux devoirs aux sciences sociales. Marsden souligne l'héritage spécifique de l'expérience de la modernisation agro-industrielle des années 1950-1960 qui « a développé une science sociale complexe et justificatrice avec laquelle elle s'est légitimée et institutionnalisée ». Il invite donc à re-problématiser les concepts sociologiques « traditionnels » telles la communauté, la régulation, l'exclusion, la professionnalisation, la responsabilité dans le contexte social de l'émergence des préoccupations environnementales.

Dans le domaine agricole, nous percevons la dimension téléologique des thèses de la modernisation écologique. Contrairement à la modernisation agro-industrielle qui objectivait la nécessaire rupture avec le passé « paysan » de la France, la modernisation écologique invite à se projeter vers l'avenir et à s'insérer dans une vision à la fois universalisante et particularisante de ce devenir. À cette fin, Marsden appelle de ses vœux la création d'un cadre conceptuel intégrant la nature au sein de l'économie politique des ruralités locales, nationale et internationale.

La dimension téléologique du projet d'écologisation apparaît plus nettement encore dans le texte de Mormont (2009) intitulé *Globalisations et écologisations des campagnes*. L'auteur analyse l'évolution des campagnes françaises depuis l'après-Seconde Guerre mondiale à partir des objets de recherche de la sociologie rurale en distinguant trois périodes. Une première est qualifiée de campagnes du « produire ». Les changements touchent les paysans, groupe professionnel majoritaire dans les campagnes. La modernisation signifie une conversion des techniques (maîtrise des espèces et des milieux), de l'économie (intégration dans des marchés internationaux), de la politique (émergence d'un groupe

4 Certains auteurs emploient l'expression « écologisation de l'agriculture » en mettant l'accent sur l'intégration de préoccupations environnementales dans les politiques agricoles publiques (Deverre, de Sainte-Marie, 2008).

porteur du progrès) et des valeurs culturelles (recherche de nouveaux modes de vie). La sociologie accompagne ce mouvement en axant ses recherches sur « les processus d'intégration à la modernité » (Mormont, 2009 : 144). À partir du milieu des années 1970 prend forme une deuxième période, appelée « les campagnes de l'habiter », qui voit l'émergence de populations nouvelles en milieu rural. Après le dépeuplement des années 1950 et 1960, nous assistons à des installations d'urbains dans les campagnes, processus facilité par l'amélioration des réseaux de transports qui accroissent les flux des personnes et des biens. Les nouveaux installants recherchent à la campagne une qualité et un cadre de vie plus proche de la nature. Les préoccupations environnementales sont à l'origine de ce changement. L'ouvrage emblématique de Jollivet et Mathieu (1989), *Du rural à l'environnement*, illustre l'accompagnement de cette transformation par les études ruralistes, plus particulièrement la sociologie et la géographie.

Une troisième phase, « les campagnes globalisées », amorcée au milieu des années 1990, se caractérise par la globalisation du traitement des questions environnementales. Les incidents écologiques ne sont pas traités uniquement dans le cadre d'arènes transnationales. Les décisions passent par la mise en œuvre de multiples négociations et organisations sociales élaborées à l'échelle locale et progressivement élargies à des échelles plus vastes. La gestion de la biodiversité est un bon exemple de cette nouvelle gouvernance.

En l'espace de deux générations, nous serions passés successivement d'une société paysanne à un espace rural puis à une « urbanisation des campagnes » (Rambaud et Rémy cités par Mormont, 2009 : 144) et enfin à un espace local comme « bien commun territorialisé » (Lascoumes et Le Bourhis cités par Mormont, 2009 : 144). Le statut donné à l'agriculture par la sociologie rurale se dilue peu à peu dans un rôle de productrice de biens et de services de plus en plus environnementalistes.

Cette conception téléologique fait de la modernisation écologique le paradigme d'une nouvelle transition agricole de grande ampleur. Il s'agit pour les agriculteurs de rompre avec le modèle productiviste des quarante dernières années et d'offrir aux consommateurs des aliments à haute qualité environnementale. C'est le sens des lois de modernisation agricole qui se succèdent depuis 2004 en France. Cependant, il convient de rester compétitif face à la concurrence internationale. La conversion environnementaliste ne se fera pas au détriment de l'économie de marché. La nouvelle révolution verte a ses limites. Cela est particulièrement décryptable à travers l'orientation de la recherche publique, comme nous allons le voir, qui soutient l'effort de modernisation écologique, comme elle a soutenu l'effort de modernisation agro-industrielle des années 1960.

Tensions

Dans la foulée du Grenelle Environnement, de nombreux projets de recherche et de développement se sont mis en place. En France, quatre principales institutions se sont engagées dans cette voie : l'Institut national de la recherche agronomique, les Chambres d'agriculture, l'Institut technique de l'agriculture biologique, l'Association de coordination technique agricole. Pour la plus prestigieuse d'entre elles, il s'agit d'une conversion tardive. En effet, durant quatre décennies, l'INRA a superbement ignoré l'agriculture biologique. Les rares recherches produites furent l'œuvre de quelques sociologues et économistes courageux et téméraires. Grâce à eux, nous possédons des connaissances précieuses sur ces agriculteurs, auparavant jugés « marginaux » mais dont les conceptions et les pratiques nous sont aujourd'hui nécessaires. Mais l'absence de recherches à usage pratique dans le domaine des sciences de la vie, conjuguée à l'absence d'enseignement du bio dans les écoles d'agriculture, a obligé les agriculteurs bios à développer des stratégies d'apprentissage spécifiques (Streith, 2009).

Depuis 2008, un Réseau mixte technologique intitulé « Développement de l'Agriculture Biologique » (DévAB) a été créé pour coordonner les études et recherches concernant l'agriculture biologique en France. Trois groupes de travail animent ce réseau. Le premier possède une dimension technologique. Il s'agit d'accompagner l'agriculture biologique comme « mode de production innovant et performant pour l'ensemble de l'agriculture ». Le second concerne l'impact de l'agriculture sur l'environnement. Les premières conclusions de cet axe de recherche invitent à retourner la relation de cause à effet ordinairement établie entre agriculture et environnement. Il s'agit plutôt de se demander dans quelle mesure les politiques environnementales liées à l'eau, à la biodiversité ou au développement local peuvent intégrer l'agriculture bio comme un « service » supplémentaire. Le troisième porte sur l'organisation économique de l'agriculture biologique. Les objectifs sont d'identifier les moyens pour augmenter la production et analyser les potentiels de développement des marchés.

Ce réseau a procédé à un inventaire, très instructif, des actions de recherche en cours, en relation avec une pluralité d'échelles d'analyse. Chaque recherche est menée à une échelle spécifique : locale pour les projets Compte d'affectation spéciale développement agricole et régionale (CASDAR), régionale pour les projets Pour et sur le développement régional (PSDR), nationale pour les projets de l'Agence nationale de la recherche (ANR), ou européenne. Fin 2009, le RMT DévAB a recensé vingt programmes de recherches ayant une relation directe avec la question de l'agriculture biologique. La présentation de leur contenu donne à voir l'orientation actuelle de la recherche sur le bio. De toute évidence, le primat est accordé au développement des filières. Huit projets sur vingt portent sur ce thème. Les filières concernées sont les céréales, les fruits et légumes, l'aviculture, le porc, les légumineuses. Six ont trait aux innovations techniques (la durabilité des systèmes de production, la rotation des cultures, le désherbage mécanique, la fertilité du sol, la culture sans labour). Les autres objets de recherche se répartissent ainsi : bénéfice environnemental, analyse des cycles de vie, nutrition et santé, amélioration de la qualité, biodiversité, mise en réseau.

Ce bilan fait apparaître trois grandes tendances. Tout d'abord, un processus indéniable d'institutionnalisation est en cours. Les grands organismes qui encadrent traditionnellement la recherche agronomique sont en ordre de bataille et les objets de recherche couvrent toutes les échelles d'application des mesures de politiques agricoles. Ensuite, et par conséquent, les approches privilégiées sont normalisantes. La priorité donnée aux approches en termes de filière ou d'itinéraire technique oriente les recherches vers des questions de performance et de productivité, fussent-elles écologiques, au détriment de celles d'organisations sociales de la production. Enfin, la captation des recherches sur l'agriculture bio par des institutions à vocation agronomique minimise la dimension territoriale. La présence de chercheurs en sciences humaines, ou de sciences au service de l'homme, dans les programmes de recherche est infime ou anecdotique. L'agriculture prime sur l'agriculteur. Du coup, les aspects sociaux spécifiques au bio telles l'éthique, la conception du métier, les constructions de savoir, les actions collectives et citoyennes, sont sous-évalués.

En apparence, nous nous sommes éloignés de l'expérience du Tyflo. Rien n'est moins sûr. Nous mesurons l'écart entre les orientations de la recherche et la façon de penser et de travailler des viticulteurs de l'association. Les savoirs tirés de leurs échanges au sein de l'association, orientés par les injonctions successives des orientations de politiques agricoles, ont informé les pratiques des viticulteurs au fil des ans. C'est un processus cumulatif, mais qui se réoriente en fonction des demandes sociales. Aujourd'hui, ces demandes sont d'ordre environnemental. Les pratiques mises en place depuis plus de dix ans et allant dans le sens d'un meilleur respect de l'environnement informent à leur tour les savoirs viticoles. Ce retour réflexif est primordial dans le choix de conversion. Celle-ci s'est effectuée d'autant plus rapidement que le cycle entre savoirs et pratiques était opérationnel grâce à une grande activité relationnelle au sein de l'association. Nous sommes très loin des projets institutionnalisant et normalisant de la recherche agronomique. Il est d'ailleurs intéressant de noter que les institutions agricoles alsaciennes ont joué, jusqu'à maintenant, plus un rôle d'accompagnement que de conseil. Le rôle de la Chambre d'agriculture dans le cadre de l'association Tyflo en est un exemple. Les orientations à venir d'une recherche entièrement centrée sur les questions de performances choisies pour l'agriculture bio risquent de faire accroître les tensions entre chercheurs et agriculteurs bios, tensions qui se traduiront au mieux par de l'indifférence réciproque, ce qui fut la règle pendant des décennies, au pire par une incompréhension générale, chacun labourant son champ de son côté.

Bibliographie

Darré, J.P., *L'invention des pratiques dans l'agriculture. Vulgarisation et production locale de la connaissance*, Paris, Karthala, 1996.

Deverre, C., de Sainte-Marie, C., « L'écologisation de la politique agricole européenne. Verdissement ou refondation des systèmes agro-alimentaires ? », in *Revue d'Études en Agriculture et Environnement*, n° 89, vol. 4, p. 83-104.

Jollivet, M., Mathieu, N. (dir.), *Du rural à l'environnement. La question de la nature aujourd'hui*, Paris, L'Harmattan, 1989.

Lagrave, R.M., « Filiations intellectuelles et espérance sociale. Figure et œuvre de Placide Rambaud », in *Études Rurales*, 2009, n° 183, p. 51-66.

Marsden, T., « The Quest for Ecological Modernisation : Re-Spacing Rural Development and Agri-Food Studies », in *Sociologia Ruralis*, 2004, vol. 44, n° 2, p. 129-146.

Mendras, H., *Les paysans et la modernisation de l'agriculture*, Paris, Les Éditions du CNRS, 1958.

Mormont, M., « Globalisations et écologisations des campagnes », in *Études Rurales*, 2009, n° 183, p. 143-160.

Pharo, P., *Savoirs paysans et ordre social. L'apprentissage du métier d'agriculteur*, Paris, CEREQ, 1985.

Streith, M., « Les lieux des savoirs », in Van Dam, D., Nizet, J., Dejardin, M., Streith, M., *Agriculteurs biologiques : ruptures et innovations*, Dijon, Éducagri Éditions, 2009.

CHAPITRE 8

La Foire et le Salon, deux sensibilités du bio alsacien

Denise VAN DAM

Chargée de cours aux Facultés universitaires Notre-Dame de la Paix à Namur

Un soir, en plein milieu de l'hiver, le vent souffle, la neige tombe. Nous attendons notre interlocuteur sur la place de l'église à Rouffach. Nous savons qu'il est vêtu en manteau et chapeau noir. Salutations cordiales. Puis il nous amène chez des amis, choisis en fonction de la circonstance. En quelques minutes, autour d'une bouteille cuvée maison et un Kugelhopf, nous sommes transportés dans les années 1980 : contexte social hostile à l'agriculture bio et héroïsme de quelques agriculteurs bios « qui veulent changer le monde ». Considérés comme des hurluberlus, au mieux comme des doux rêveurs, ils organisent la première « Foire européenne du pain, vin et fromage éco-biologique » dans un lieu bucolique à Rouffach. L'ambition était grande : offrir une vraie foire commerciale aux agriculteurs bios européens, tout en défendant avec force des valeurs de changement social. Nous passons la soirée en écoutant les récits où se mêlent militantisme, travail, convictions, idéalisme.

Deux jours plus tard, à 14 h 00, l'organisateur du Salon BiObernai nous reçoit dans son lieu de travail, un bureau dans un immense hangar de légumes. Nous nous réchauffons autour d'un chauffage de fabrication écologique. Le voyage dans le temps est plus court ici : 2004. C'est en ce moment que le premier « Salon de l'agriculture bio alsacienne » est organisé à Obernai, d'où l'appellation Salon BiObernai. Sur sa table figure un épais livre de presse, réalisé à l'occasion d'un des derniers salons. Une vidéo haute en couleur, réalisée à l'occasion du dernier Salon, montre le maire qui coupe le ruban de l'inauguration, des stands d'agriculteurs, des vendeurs de produits de beauté bio, des chevaux de trait qui parcourent le terrain et des enfants qui s'exercent aux métiers de tissage. Ici, on nous parle de modernité, de partenariat avec le privé, de soutien institutionnel, de « gros sous ».

Ces deux événements annuels ont lieu dans ce petit territoire qu'est l'Alsace, à 50 km de distance l'un de l'autre. L'un est une foire, la « Foire Éco-Bio d'Alsace ». Elle se déroule chaque année, depuis 1982, durant cinq jours au mois de mai. L'autre est un salon, le « Salon de l'agriculture biologique alsacienne », qui a lieu, depuis 2004, durant le deuxième week-end de septembre. Les deux événements sont nés dans des contextes historiques particuliers et représentent deux conceptions différentes de l'agriculture bio et de l'écologie. Ils cherchent chacun leur place dans ce monde complexe qu'est le bio alsacien. C'est comme si deux idéologies se matérialisent au travers deux événements promotionnels : la Foire et le Salon.

Dans cette contribution, nous nous proposons de mieux comprendre ces deux manifestations du bio au travers une analyse de leur réseau. Un bref détour par la théorie de la sociologie des réseaux (Callon, 1999 ; Latour, 1992 ; Akrich *et al.*, 2006 ; Amblard *et al.*, 2005) s'impose. Cette théorie est avant tout un outil d'analyse qui permet de comprendre la façon dont un projet se construit. Nous en retenons deux éléments. Le premier consiste en l'intérêt porté par les auteurs à « l'action en train de se faire », plutôt qu'au produit fini. Leur point de départ est d'inverser le sens commun qui prétend qu'une innovation ou un projet rencontre du succès parce qu'il est techniquement bon par la confirmation qu'un projet est considéré comme bon parce qu'il rencontre du succès. Autrement dit, un projet aussi bon soit-il sur le plan technique, n'a aucune chance de survivre s'il n'est pas porté, « aimé » par un réseau. Inversement, un projet aimé a toutes ses chances de pouvoir se développer et rencontrer du succès. La question centrale des auteurs concerne les conditions à partir desquelles les acteurs parviennent à coopérer pour lancer un nouveau projet. Ainsi, nous nous posons la question de savoir quels auteurs « portent » ou « aiment » les projets de la Foire et du Salon.

Le deuxième élément concerne la conception particulière des réseaux. Les auteurs parlent de réseau « sociotechnique » qu'ils considèrent comme une métaorganisation rassemblant des humains et des non humains qui interagissent les uns avec les autres. Les auteurs veulent en finir avec la conception dualiste du monde où d'un côté il y a les humains et de l'autre côté les objets. Cette représentation ne rendrait pas compte de la complexité de la réalité où humains et non-humains sont en interaction constante. Ainsi, les auteurs parlent d'« actants » plutôt que d'« acteurs ». Ces actants sont de quatre types : des êtres humains et leurs compétences ; des objets techniques tels que des machines, des outils, des animaux ; des informations telles que des textes, des disquettes, des statistiques ; et de l'argent. Ainsi, nous nous proposons de découvrir les différents actants qui œuvrent dans les deux projets.

Ainsi, deux questions guident notre analyse. Premièrement : qui porte et aime les projets de la Foire et du Salon ? Deuxièmement : quels actants composent le réseau ? Dans la conclusion, nous mettrons en lumière les divergences observées entre les deux réseaux à leur début (deux décennies séparent la genèse de la Foire et du Salon).

La Foire Éco-Bio d'Alsace

Nous sommes en 1972. Dans un contexte d'hostilité à l'agriculture bio, un homme seul décide d'organiser une foire annuelle rassemblant les agriculteurs bios de la France, l'Allemagne et la Suisse : la « Foire européenne du pain, vin et fromage écobiologique ». L'événement plonge ses racines dans trois identités : identité bio, identité linguistique et identité régionale. Le comité organisateur de la foire se réunit tout à long de l'année autour des *Stammtisches*, tables de discussions où l'on parle en alsacien. Le ton est à la contestation : résistance à l'agriculture conventionnelle, résistance à la langue française, résistance à certains modes de vie et, finalement une remise en question fondamentale de la société dans son ensemble.

Malgré l'investissement des organisateurs, la foire ne décolle pas. L'opinion publique et les pouvoirs publics boudent l'événement, considérant les agriculteurs bios comme des « hurluberlus » et des « soixante-huitards attardés ». Ainsi, faute d'être aimé par le public et faute d'être pris en charge par un comité « fort », la foire est mort-née. Il a fallu attendre une dizaine d'années avant qu'elle ne renaisse de ses cendres. Ce sera chose faite en 1982, grâce à un autre pionnier du bio. L'homme est défini par les uns et les autres comme une personnalité forte, possédant des qualités de rassembleur et d'organisateur et comme un fin analyste politique. Il parvient rapidement à créer un comité d'organisation de la foire dont les deux finalités sont clairement définies : « promouvoir l'agriculture bio » et « changer le monde ». Pour la première finalité, la foire se veut un rassemblement des producteurs bios de toute la France et même au-delà. Il s'agit de sortir l'agriculture bio de l'anonymat et de la marginalité en lui donnant une plus grande visibilité. Dans un contexte de quasi-absence de circuits de vente appropriés au bio, la foire offre une opportunité commerciale importante, surtout aux petits producteurs. En effet, durant plusieurs années, une partie importante du chiffre d'affaires des agriculteurs bios sera réalisée lors de cet événement annuel. Quant à la finalité sociétale, il s'agit de contester les forces dominantes, bien au-delà du champ agricole et de la France. À côté de la problématique écologique et bio, les relations nord-sud occupent une place importante dans l'événement. Chaque année, un autre thème est mis en avant, tels que le nucléaire, les OGM, la mondialisation, les droits de l'homme, les relations nord-sud. Le ton est à la contestation, l'opposition à l'ordre établi, la provocation.

Regardons à présent les différentes composantes du réseau, autrement dit les actants. Prenons d'abord les êtres humains et leurs compétences. Le comité organisateur est composé d'agriculteurs bios qui partagent les mêmes options écologiques et politiques. La double finalité « promotion du bio » et « changement de la société » se reflète dans la nature des exposants : à côté des agriculteurs bios, diverses associations sont invitées. Parmi ces derniers figurent des associations de coopération au développement, de défense de la nature, les mouvements contre le nucléaire. Tant les agriculteurs que les associations sont soigneusement choisis par le comité. Ainsi, pour les associations, la préoccupation écologique doit faire partie de leurs revendications ou de leur fonctionnement.

Progressivement, l'organisation de la foire prend de l'ampleur, nécessite de l'aide logistique et une coordination sans faille. Le comité peut compter sur le soutien d'un nombre important de bénévoles. Des responsabilités et une division des tâches sont rigoureusement définies. Des réunions regroupant les porte-parole des différentes associations sont organisées tout au long de l'année, autour des *Stammtisches*. Cette démarche inclusive et participative trouve toutefois son corollaire dans l'exclusion de certains acteurs : les pouvoirs publics et le secteur privé. En effet, la foire se veut indépendante de tout soutien politique et commercial, ce qui n'est pas au goût des autorités communales, comme nous le verrons plus loin.

Parlons à ce propos de cet autre actant qu'est l'argent. La foire est financièrement autosuffisante grâce aux faibles coûts logistiques. En effet, la main-d'œuvre est constituée de bénévoles et l'infrastructure du lieu est simple : des chapiteaux et des tentes installés dans le centre du village et dans les prairies avoisinants. Côté rentrées financières, la contribution des agriculteurs-exposants et le prix d'entrée des visiteurs sont largement suffisants. Chaque année la foire génère même un bénéfice qui est versé à une cause humanitaire. Cette autonomie financière constitue un réel défi et une fierté pour les organisateurs.

Comme nous l'avons vu, dès le départ la foire s'est donné une vocation contestatrice. Cette option se reflète au travers la nature des informations diffusées. Des conférences sur l'agriculture bio mais également sur des sujets politiques « chauds » sont organisées tout au long de la manifestation. Les organisateurs prennent soin d'inviter des orateurs de haut niveau. En contrepartie, en cohérence avec la volonté d'indépendance, aucune personnalité politique n'a jamais été invitée. La nature anticommerciale et critique se reflète au niveau des brochures d'information : sobre, sur papier recyclé, avec une absence totale de publicité.

Le lieu, considéré comme un objet technique dans la théorie de Callon et Latour, est à l'image des ambitions de la foire. En effet, depuis ses débuts, la foire a lieu dans la ville historique de Rouffach. L'endroit est symbolique à trois égards : premièrement, la ville héberge un important lycée agricole de l'Alsace, deuxièmement, l'endroit est bucolique et troisièmement, l'architecture de la ville s'inscrit dans la tradition alsacienne. Des chapiteaux et des tentes sont déployés dans le centre de la ville et dans les prairies avoisinantes. Certains interviewés parlent d'un « village gaulois bien sympathique ».

Retournons un instant à la présence des « êtres humains et leurs compétences » pour découvrir les visiteurs. Le caractère contestataire de la Foire attire essentiellement un public de convaincus, surtout à ses débuts. Certains font le déplacement de loin et installent leurs tentes pour participer à l'entièreté des conférences et débats. Progressivement toutefois, le contexte social devenant moins hostile au bio, des familles « ordinaires » s'offrent du beau temps en flânant dans ce lieu bucolique. Petit à petit, la « Foire de Rouffach » devient une institution incontournable du bio, visitée chaque année par plusieurs dizaines de milliers de personnes.

Puis, au bout de 25 ans d'existence, une controverse éclate au sein du comité. L'amour porté au projet présente quelques failles. La première est apportée par un acteur extérieur : le pouvoir municipal refuse l'organisation de la Foire, pour des problèmes de sécurité et de santé publique. La deuxième faille provient de quelques exposants et visiteurs qui n'apprécient guère les dernières prises de position politique d'un des fondateurs de la Foire, jugées comme extrêmes. Enfin, troisièmement, certains membres du comité organisateur mettent en question la légitimité même de la Foire : quelle peut encore être sa place dans un contexte de plus en plus favorable à la bio, où, de plus, les créneaux de commercialisation ne cessent de se multiplier ? De plus, disent-ils, la culture politique n'est plus à la contestation, mais aux compromis. Ainsi, au bout de plus de vingt-cinq ans de fonctionnement, des menaces tant externes qu'internes annoncent la mort de la Foire Rouffach.

Finalement, après de longues hésitations, la Foire est sauvée. Une nouvelle équipe, composée d'anciens et de nouveaux, se met en place. À cette occasion la Foire change de nom et de lieu. C'est ainsi que la 26e « Foire Éco-Bio d'Alsace » a lieu dans le Parc des expositions à Colmar. Ce changement sera l'occasion d'une remise en question partielle des finalités et du fonctionnement de la Foire. Un des organisateurs estime que « le fait de changer de site, ça a donné une autre approche à la bio ».

Le nouveau comité organisateur de la Foire attribue bon nombre d'atouts au Parc des expositions à Colmar. Citons tout d'abord la sécurité et les commodités sanitaires, ensuite le confort des exposants (« fini de se trouver les pieds dans la boue lorsqu'il pleut et les malaises lorsque le soleil est trop au rendez-vous »), la facilité des visiteurs (proximité du parking). Ils regrettent toutefois la perte de l'aspect bucolique de Rouffach, à laquelle ils essaient de remédier en humanisant le plus possible le nouveau lieu au travers des espaces verts, des bacs à sable géants, etc. Autre avantage avancé : le déplacement de la Foire de la campagne à la ville l'a ouverte à un nouveau public, des « non-initiés » du bio.

Les membres du nouveau comité organisateur que nous avons interviewés insistent sur le maintien des valeurs initiales de la Foire, à savoir la « promotion de l'agriculture bio » et le « changement du monde ». Ainsi, la plus grande partie des emplacements est réservée aux agriculteurs, suivie par les mouvements sociaux et les associations humanitaires (avec l'écologie dans leurs préoccupations). Les entreprises de transformation et de commercialisation n'y sont toujours pas les bienvenues. Le soutien logistique des bénévoles reste important. Le fonctionnement en réseau constitue toujours une valeur importante. Ainsi, les « êtres humains et leurs compétences » sont un actant qui a subi peu de modifications. Les changements principaux se situent au niveau « des informations » et de « l'argent ».

Arrêtons-nous d'abord aux « informations ». Tant la communication avec le public que la communication interne ont subi d'importants changements. Si l'ordre établi est toujours contesté, un soin particulier est apporté à la démarche pédagogique. Certains interviewés prétendent que c'est bien le ton et non pas le contenu qui a changé. D'autres, par contre, estiment que les deux se sont « adaptés » au nouveau contexte : « Début des années 2000, on sent déjà un bouleversement des mentalités, une ouverture d'esprit. Et il n'est plus nécessaire de choquer les gens ou de se défendre pour pouvoir exprimer ses convictions. [...] L'esprit a changé pour être plus pédagogique que militant ». À voir de plus près le programme, force est de constater toutefois que les conférences abordent toujours des sujets jugés « délicats » tels que la problématique des nano-technologies, du nucléaire, des OGM ainsi que le sort des immigrés. Le comité maintient son intransigeance quant à la publicité commerciale, qui reste interdite dans les stands, les brochures d'informations ainsi que sur le site Web récemment créé.

Depuis peu, les organisateurs ont créé un nouvel outil de réflexion, de coopération et de communication : « la charte éthique des foires et salons écologiques, biologiques et alternatifs » qui doit permettre à la Foire de se différencier des foires bios et écologiques de type commercial. Deux maîtres mots ont servi de fil conducteur pour sa rédaction : la cohérence (entre des idées et des pratiques ainsi que des actions et des démarches de tous les acteurs) et le respect (de l'environnement, de la planète, du public, des intervenants, des autres Foires et Salons, des travailleurs). Ensuite, la charte décline ces deux principes de base en un ensemble d'obligations précises.

Quant à la communication interne, un des membres du comité insiste sur l'entrée du courriel comme moyen de communication interne. Celui-ci remplace progressivement les communications téléphoniques, estimées comme chronophages. Cette nouvelle modalité de communication est certes moins chaleureuse, mais bien plus efficace en termes de gain de temps, estiment-ils. Il insiste sur le caractère démocratique du fonctionnement par courriel : « Le mail, je trouve que c'est une révolution presque démocratique dans la mesure où tout le monde était toujours au courant de tout. [...] Donc, du coup, ça fait un fonctionnement qui est beaucoup moins pyramidal [...] il y a un fonctionnement qui est beaucoup plus horizontal, réseau ». Ainsi, outre son caractère efficace en termes de gain de temps, le courriel permet une participation à la discussion et aux décisions de tous. Les organisateurs interviewés estiment toutefois que les courriels ne remplacent pas les multiples réunions autour des *Stammtisches* qui renforcent le lien social. Selon un des organisateurs, « militantisme et convivialité » doivent aller de pair. Ainsi, se porte-t-il garant de l'organisation régulière de réunions avec les divers porte-parole des membres du réseau, dans un climat festif. Ils insistent tous sur l'importance du fonctionnement par réseau, comme en témoigne l'extrait suivant : « La plus belle aventure est le fonctionnement par commissions et par réseau... On entend souvent dire qu'il faut un homme fort pour que ça marche. Ici, on a un fonctionnement efficace, mais par réseau ».

Enfin, regardons le statut de « l'argent » dans la nouvelle Foire. L'équilibre financier, élément de fierté des organisateurs depuis le début, a été soumis à quelques pressions, tant du côté coûts que rentrée d'argent. En effet, les frais de location du lieu et des animations sont plus élevés. Côté rentrée, les petits agriculteurs bios sont hésitants à payer des frais d'emplacement important. Dans un contexte de multiplication des créneaux de vente des produits bios, pour certains la Foire perd de son intérêt commercial. Les visiteurs ne sont pas enclins à payer un droit d'entrée majoré. Ainsi, durant les premières années de sa nouvelle formule la Foire se trouvait devant de nouveaux défis financiers. Certaines voix s'élevaient en faveur des subventions publiques, ce qui entrerait en collision avec la volonté de liberté totale à l'égard des pouvoirs publics. L'intervention des acteurs privés commerciaux, via la publicité ou via de l'aide directe, restait proscrite. Au bout de quelques années de fonctionnement le nouveau comité a réussi à atteindre, à nouveau, un équilibre financier. La conjugaison entre la santé financière et la fidélité aux finalités de base constitue d'ailleurs un élément de fierté important des nouveaux dirigeants.

Le Salon BiObernai

En 2004, un homme seul propose, en sa qualité de secrétaire et de chargé de la communication de l'Opaba, la création du « Salon de l'agriculture bio alsacienne » dans la ville d'Obernai, appelé Salon BiObernai. Il insiste sur le choix du nom : il s'agit bien d'un salon et non pas d'une foire. Son parcours professionnel est signé bio : représentant d'un organisme de contrôle, il a vérifié le respect du cahier des charges des exploitations bios dans les quatre coins du monde, producteur de légumes bios depuis de nombreuses années, créateur d'une marque privée « Alsace Bio ». Considéré par les uns et les autres comme « un homme à l'avance de 10 ans sur son temps, mais éprouvant des difficultés à créer un consensus », muni d'un esprit entrepreneurial, il s'adjoint les services d'une entreprise de communication privée. L'organisation du Salon se veut d'emblée une initiative performante, organisée selon les principes de gestion d'une entreprise. Le professionnalisme, le marketing, la communication, l'ouverture aux mondes politique et industriel sont ses maîtres mots. Un des objectifs du Salon est de se faire rencontrer les agriculteurs bios et les autres « corporations » tels que les distributeurs, les transformateurs, les institutionnels et les associations. Le bio doit résolument s'ouvrir au grand public, tel est le mot d'ordre.

Le contexte sociétal joue en faveur de sa conception de l'événement. Nous sommes au début des années 2000 : le bio est sollicité par une opinion publique choquée par la succession des catastrophes agroalimentaire (scandale de la dioxine, scandale de la vache folle, etc.) des dernières années. La prise de conscience des problèmes écologiques est aiguë. Le développement durable devient le nouvel enjeu de société, auquel tant le monde politique, industriel, scientifique et les citoyens souscrivent. L'heure est au consensus, tant les problèmes sont graves, peut-on lire dans les médias et entendre dans les discours. Les conflits de classe font place à la coopération entre classes sociales pour « sauver la planète ». Tel est en résumé le contexte dans lequel le nouveau Salon voit le jour.

Regardons à présent les quatre types d'actants qui composent le réseau du Salon. Commençons par les êtres humains et leurs compétences. D'emblée, l'organisateur veut créer un réseau ouvert au grand public (les non-convaincus du bio), au monde politique et aux industries privées. Il vise l'intégration de l'agriculture bio dans les champs écologiques et « bien-être ». Dès le départ, le réseau est conçu comme composé d'espaces, chacun géré par un coordinateur qui est en relation étroite avec l'organisateur du Salon. Contrairement à la conception du réseau à la Foire, ici le réseau fonctionne de façon centripète : l'organisateur du Salon est le point convergent de toutes les interactions. C'est lui, *in fine*, qui décide de la composition de chaque espace. Il parle d'ailleurs de la création d'un « concept » de Salon, qu'il a breveté. Pour la gestion de l'événement, il a créé une SARL « Alsace Bio », formule juridique plus souple qu'une formule associative. Elle occupe du personnel salarié et des stagiaires. L'objectif de a SARL est le développement du bio dans toutes ses formes, y compris son intégration dans les circuits de vente de la grande distribution.

Les espaces comprennent « les métiers du bio », à savoir les agriculteurs, les transformateurs de produits alimentaires et les distributeurs (y compris la grande distribution) de ces produits. Ensuite, il y a l'espace consacré aux associations écologiques et sociales et aux institutions politiques. L'organisateur insiste sur la conception dynamique des espaces. Celles-ci n'est pas figée, mais évolue dans le temps. Prenons l'exemple de l'espace éco-jardinage, qui s'est créé grâce à un exposant botaniste qui a pu mobiliser une dizaine d'horticulteurs, de producteurs d'outils de jardinage adapté au bio, de vendeurs de produits de traitement bio. Récemment, des espaces « bien-être » et « mode et stylisme » ont été créés. Les animations font également partie du réseau. Ici, l'heure est souvent à l'audace. Ainsi, pour son édition de 2009, le Salon a créé un partenariat avec les Haras nationaux, pour illustrer la biodiversité. Ainsi, les visiteurs ont pu découvrir 40 races de chevaux, ânes et poneys élevés en Alsace. Enfin, s'y trouvent également des espaces pour la restauration et pour les conférences.

Cette conception du réseau, composé d'espaces, se reflète dans l'organisation spatiale de l'événement, qui se veut à la fois convivial et facile à gérer. Le Salon a lieu sur un grand parking au centre de la ville d'Obernai. Un grand hall construit à l'occasion de l'exposition universelle à Paris, en début du XXe siècle, et déménagé à Strasbourg, puis à Obernai constitue l'endroit central. Autour sont disposés des chapiteaux et des stands. Le lieu est divisé en divers espaces à l'image des « corporations moyenâgeuses ». Cette conception de l'espace répond, selon l'organisateur, au souhait des visiteurs d'une organisation efficace de leur temps. Ainsi, peuvent-ils aller « tout droit » vers les exposants de leur choix sans se perdre dans un « pêle-mêle » de stands.

Quant aux informations, autre actant important, la communication externe, jugée comme stratégique, fait l'objet de beaucoup de soins. Ici, rien n'est laissé au hasard, une agence de communication est d'ailleurs sollicitée pour s'en charger. Chaque année, dans un lieu institutionnel symbolique et en présence de partenaires institutionnels, une conférence de presse est organisée pour lancer le Salon. Depuis 2007, celle-ci se tient dans la Maison de la presse à Strasbourg. Non sans fierté, l'organisateur souligne le nombre important de journalistes qui répondent à l'invitation. Par ailleurs, les activités lors du Salon sont largement couvertes par la presse écrite, internet, radio et TV. Nous sommes sortis de notre entretien avec un press-book sur le Salon de 2009 très volumineux. L'événement est également annoncé par des affiches (3 000), des tracts (100 000) et un site Web, de fabrication professionnelle. L'internaute peut d'ailleurs visionner une vidéo haute en couleur tournée sur le lieu de l'événement. Des brochures à caractère luxueux (papier glacé et en couleur) présentent le programme, les différents exposants et des témoignages. Des publicités de partenaires commerciaux y côtoyant celles des partenaires institutionnels. En ce qui concerne les communications internes, celles-ci se gèrent essentiellement via les courriels et quelques réunions de coordination. Elles sont de type centripète, à savoir entre les porte-parole et l'organisateur.

Les conférences-débats organisées au moment du Salon traitent chaque année d'un thème différent, tels que que la biodiversité, le terroir, les énergies durables, l'eau. Les orateurs sont également choisis avec soin. Le ton est plutôt au consensus. Ainsi, pas d'articles dénonçant la politique agricole dans la brochure, pas d'orateurs au discours provoquant lors des conférences, pas de banderoles contre les OGM parmi les exposants. La présence et le soutien des acteurs institutionnels et privés lors de la séance d'inauguration rendraient difficiles des notes trop dissonantes. Selon l'organisateur, il est temps de sortir de la période « adolescente » du bio caractérisée par le « contre » et de s'engager dans une dynamique « pour » et « d'innover, s'intégrer dans la société ». Le public a besoin d'être correctement informé sur le bio en Alsace, et le monde politique est sollicité à prendre position. Ainsi, informations et consensus figurent parmi les maîtres mots du Salon.

Parlons à présent de l'argent, ce quatrième actant du réseau. Organiser un Salon coûte cher, même très cher. La location des lieux, la communication, les animations et la gestion matérielle nécessitent des moyens importants. Les entreprises privées et les institutions politiques étaient d'emblée sollicitées pour subsidier le Salon. Jusqu'à présent un tiers du financement est d'origine institutionnelle (Conseil régional, Conseil général du Haut-Rhin, la ville d'Obernai, etc.), un autre tiers provient de partenaires privés, tels que les banques, les chaînes de grande distribution, la société des eaux, les producteurs de gaz, les producteurs de bière, etc. Enfin, le dernier tiers est apporté par les exposants et par les visiteurs.

Conclusion

Lorsqu'on considère le Salon et la Foire à leurs débuts, des divergences importantes se manifestent, tant au niveau des finalités et des valeurs qu'au niveau de la composition et du fonctionnement du réseau. Le tableau ci-dessous en présente les éléments essentiels :

	Foire européenne du pain, vin et fromage écobiologique (créée en 1982) (actuellement Foire Éco-Bio d'Alsace)	Salon BiObernai (créé en 2004)
Finalité et valeurs	– promouvoir l'agriculture et les agriculteurs bios – contestation de l'ordre établi (« changement de société ») – conception de l'agriculture bio comme un mouvement social – décroissance (avant la lettre)	– promouvoir la filière du bio, de l'écologie et du « bien-être » – conception de l'agriculture bio comme un secteur économique – développement durable
Acteurs	– agriculteurs bios – mouvements sociaux et vie associative, avec composante écologique	– agriculteurs bios, entreprises de transformation, grande distribution, services de santé et de bien-être, institutions politiques, vie associative
Lieu	– endroit symbolique et convivial (lycée agricole, tradition alsacienne, endroit bucolique)	– endroit fonctionnel et convivial
Information	– communication externe : provocation – communication interne : démocratie et convivialité	– Communication externe : consensus et marketing – Communication interne : professionnalisme et centralisation
Argent	– indépendance et autonomie	– dépendance des aides privées et publiques – brevetage du concept

Nous pouvons lire les différences entre les deux réseaux à la lumière des récents débats sur la conventionnalisation et l'institutionnalisation de l'agriculture bio. Ces dernières années de nombreuses recherches (Best, 2007 ; Buck *et al.*, 1997 ; Stassart et Jamart, 2009) sont consacrées à la question de savoir si l'agriculture bio s'est engagée dans un processus de rapprochement à l'agriculture conventionnelle, (conventionnalisation). Gendron et ses collègues (Gendron *et al.*, 2010) cherchent à savoir dans quelle mesure l'agriculture bio a évolué d'une mobilisation sociale vers une pratique régulée et promue par les pouvoirs publics (institutionnalisation).

Si l'on prend en compte le fait que les deux initiatives sont nées à plus de vingt ans d'intervalle, leur comparaison montre une nette évolution vers la conventionnalisation et l'institutionnalisation, tant au niveau des finalités, des acteurs (êtres humains et leurs compétences), que de la communication et du financement de l'activité. Les deux décennies qui séparent la naissance des deux manifestations reflètent un changement radical du contexte social : d'une méfiance, voire hostilité à l'égard du bio, on est passé à un accueil positif. La Foire s'inscrivait dans une démarche radicale du bio tandis que le Salon s'est d'emblée placé dans une démarche plutôt consensuelle et commerciale.

Cette évolution « historique » qui sépare la première édition de la Foire et la première édition du Salon se reflète également en partie dans l'évolution interne de la Foire (entre 1982 et 2010). En effet, les finalités et les valeurs sont devenues moins radicales et plus consensuelles, même si « l'esprit du départ » est maintenu. Les agriculteurs et les mouvements sociaux continuent à occuper la place centrale, bien qu'une ouverture soit faite aux acteurs institutionnels. Les acteurs commerciaux restent exclus de l'événement. Le lieu bucolique a été remplacé par un lieu plutôt fonctionnel. La communication interne s'est mise à l'air du temps (utilisation de courriels) tout en maintenant des réunions autour d'une table. Le fonctionnement démocratique reste de mise. Quant à la communication externe, celle-ci est devenue davantage pédagogique. La réalisation d'une nouvelle charte permet toutefois de distinguer la Foire des événements davantage commerciaux. Sur le plan budgétaire, si les organisateurs de la Foire envisagent de solliciter des subsides auprès des pouvoirs publics, la sollicitation des acteurs commerciaux reste exclue.

En conclusion, nous pouvons dire que le paysage des Foire/Salon en Alsace d'aujourd'hui reflète à la fois une certaine tendance vers la conventionnalisation/institutionnalisation du bio et la coexistence du bio radical et du bio consensuel.

Bibliographie

Akrich, M., Callon, M., Latour, B., *Sociologie de la traduction. Textes fondateurs*, Paris, École des Mines de Paris, 2006.

Amblard, H., Bernoux, Ph., Herreros, G., Livian, J.-Y., *Les nouvelles approches sociologiques des organisations*, Paris, Les Éditions du Seuil, 2005.

Best, H., « Organic Agriculture and the Conventionalization Hypothesis : a Case Study from West Germany », in *Agriculture and Human Values*, 2007, vol. 25, p. 95-106.

Buck, D., Getz, C., Guthman, J., « From Farm to Table : the Organic Vegetable Commodity Chain of Northern California », in *Sociologia Ruralis*, 1997, vol. 37, p. 3-20.

Callon, M. (ed.), *Réseau et coordination*, Paris, Economica, 1999.

Gendron, C., Vaillancourt, J.-G., Audet, R., *Développement durable et responsabilité sociale. De la mobilisation à l'institutionnalisation*, Québec, Presses Internationales Polytechnique, 2010.

Latour, B., *Ces réseaux que la raison ignore*, Paris, La Découverte, 1992.

Stassart, P.M., Jamart, D., « Agriculture biologique et verrouillage des systèmes de connaissances. Conventionalisation des filières agroalimentaires bio », in *Innovations Agronomiques*, 2009, vol. 4, p. 313-328.

CHAPITRE 9

Les formations, entre mouvement social et institutionnalisation

Jean NIZET
Professeur aux Facultés universitaires Notre-Dame de la Paix à Namur et à l'Université catholique de Louvain

Bernard WENTZ
Responsable des formations au DRAAF/SRFDE à Strasbourg

L'exercice du métier d'agriculteur bio exige des savoirs et savoir-faire très complexes, ce qui rend cruciale la question des formations. Comment celles-ci ont-elles évolué au cours de la période 2005-2010 ? Quel a été, en la matière, l'impact du « Grenelle de l'Environnement » ? C'est à ces questions qu'entend répondre ce chapitre, en retraçant l'évolution des formations à l'agriculture bio en Alsace au cours des dernières années.

Avant 2007, la maîtrise du mouvement bio sur les formations

Dans une publication antérieure, nous nous interrogions sur la manière dont se constituent les savoirs et savoir-faire des agriculteurs bios dans les années 2005-2007. Nous nous basions sur des entretiens menés à cette époque auprès de viticulteurs bios alsaciens et auprès d'agriculteurs bios de Haute-Normandie (Van Dam *et al.*, 2009 : 44-46, 71-82). Il en ressortait que les compétences se constituent à trois niveaux différents.

Construire des savoirs au niveau méso

Beaucoup de savoirs et savoir-faire s'élaborent au travers d'échanges que les agriculteurs ont entre eux, ou de conseils qu'ils glanent auprès d'associations professionnelles. Ce premier niveau peut être qualifié de méso. On peut y distinguer deux modalités. La première recouvre les discussions informelles avec des voisins ou avec des collègues au sein d'un réseau, les visites d'exploitations, les lectures de brochures où les praticiens consignent leur expérience et la mettent à la disposition des autres agriculteurs, etc. On a ici affaire à des savoirs et savoir-faire construits collectivement par les intéressés. La seconde modalité est le recours aux conseils techniques dispensés par des organismes privés (fournisseurs de produits, coopératives), ou par les Chambres d'agriculture, ou encore par des groupements régionaux chargés du développement de l'agriculture biologique (l'Opaba dans le cas de l'Alsace). Les savoirs et savoir-faire sont ici plutôt prescrits par des experts.

À côté de ces échanges et conseils, prennent place, à une échelle plus micro, les tâtonnements, les essais, les expérimentations menés par l'agriculteur dans le cadre de sa propre exploitation.

Enfin, on trouve les formations instituées au niveau macro, comme celles qui se donnent dans les lycées agricoles. En Alsace, on relève deux expériences de ce type, s'adressant l'une et l'autre à des publics adultes. D'abord, à Rouffach, où existent depuis 1996 divers modules de formation de courte durée, portant sur la viticulture bio. Ensuite, à Obernai, où des formations sont organisées depuis une vingtaine d'années, en lien étroit avec le syndicat d'agriculture biodynamique ; elles s'adressent à des stagiaires venant de toute la France, qui fréquentent l'établissement pour des formations de courte durée ou pour des formations plus longues, de deux ans.

Le paysage des formations en agriculture bio en Alsace dans les années 2005-2007

Niveau de la formation	Type de formation
Niveau macro	Formations pour adultes de Rouffach et Obernai
Niveau méso	Construction : échanges informels entre praticiens, visites d'exploitations Prescription : conseils de la part d'experts d'organismes privés, semi-publics, ou d'organisations professionnelles
Niveau micro	Recherches d'expériences personnelles sur l'exploitation

À première vue, le paysage des formations en agriculture bio est donc, à l'époque, très diversifié. Mais si on le compare aux formations en place dans d'autres secteurs professionnels, ou encore aux formations qui prévalent en agriculture conventionnelle, on est frappé par la prédominance des formations méso, en particulier celles où les agriculteurs analysent et construisent leurs pratiques au sein de groupes d'échanges. D'ailleurs, même les formations macro sont articulées à ces échanges dans des réseaux informels et sont influencées par eux. Ceci vaut en particulier pour la formation dispensée à Obernai, où bon nombre de formateurs sont fortement impliqués dans le mouvement de la biodynamie. Comme nous l'explique en substance une responsable de ce programme, l'existence du réseau est à la base de la formation et celle-ci alimente par ailleurs le réseau.

Une affinité avec les deux composantes du mouvement bio

Comment expliquer cet état de fait ? Repartons des travaux de Gendron et Turcotte (2006) qui considèrent l'agriculture biologique comme un « nouveau mouvement social économique » (voir plus haut, chapitre 3). Un mouvement qui comporte donc deux composantes : une première, d'ordre économique ou professionnel, puisque le bio représente une nouvelle méthode de production agricole ; une seconde, d'ordre social, puisqu'il s'agit aussi de mener des actions qui visent l'ensemble de la société. Ces deux dimensions expliquent, à notre sens, l'état des formations, tel que nous venons de le décrire.

En premier lieu, l'exercice de la profession d'agriculteur bio met le praticien devant des problèmes inédits, souvent d'une grande complexité. Plusieurs interviewés récemment passés au bio insistent sur le fait que les savoirs et savoir-faire qu'ils acquièrent sont profondément différents de ceux qui prévalent en conventionnel. Il s'agit désormais de prévoir les problèmes qui peuvent advenir aux cultures, ce qui implique une connaissance approfondie des processus du vivant ; cela exige également de bonnes capacités d'observation et demande que l'on soit ouvert aux échanges avec d'autres praticiens. Ceci concerne les compétences plus strictement agricoles ; en plus, les praticiens doivent maîtriser des compétences en gestion : comptabilité, informatique, marketing, gestion du personnel, etc. En grossissant le contraste, Michel Streith suggère que l'agriculture bio nécessite des savoirs et savoir-faire complexes, contextualisés, qui s'inscrivent dans l'expérience individuelle et collective des praticiens, tandis que l'agriculture conventionnelle se satisfait davantage de savoirs standardisés fournis par des experts dont le praticien reste dépendant (Streith, 2009 : 81).

Il y aurait donc une affinité entre d'une part, cette prédominance des formations méso qui procèdent par construction et de l'autre, la nature des savoirs nécessaires à l'agriculteur bio.

Cette affinité est par ailleurs renforcée par une double carence. D'abord celle de la formation scolaire : de manière générale, le bio est, à l'époque, marginalisé dans le système scolaire ; l'école est en effet, depuis cinquante ans, entièrement dédiée à la formation à l'agriculture conventionnelle. Ensuite la carence de la transmission familiale, puisque les agriculteurs bios du début des années 2000 constituent souvent la première génération à adopter ce mode de culture : soit ils sont originaires de milieux non agricoles, soit leurs parents, agriculteurs, produisaient en conventionnel.

Mais la situation des formations ne s'explique pas uniquement par les besoins de l'activité professionnelle (la première composante du mouvement) ; elle s'explique aussi par la manière dont les agriculteurs bios agissent sur la société (la seconde composante). Ils mettent en avant, parmi d'autres, deux valeurs fondamentales. D'abord la valeur d'autonomie. Autonomie d'abord par rapport à la sphère économique, et en particulier par rapport aux industries phytosanitaires ; autonomie ensuite par rapport aux acteurs politiques, à qui les agriculteurs bios reprochent d'avoir soutenu pendant un demi-siècle le développement du conventionnel. Ceci se concrétise non seulement par le refus des engrais et désherbants chimiques, mais aussi par le refus fréquent des primes octroyées par l'État, voire par des actes plus extrêmes, par exemple, pour tel viticulteur, la production de vin sans additifs, ou, pour tel autre agriculteur, le refus de faire vacciner son cheptel. La valeur d'entraide, de solidarité, ensuite. On la retrouve à la base des échanges que l'on a décrits, mais aussi dans les initiatives prises pour promouvoir les produits bios. Nous pensons à certaines foires où les vins d'un même cépage émanant de différents producteurs sont rassemblés, de manière à mettre en avant l'image d'un groupe, plutôt que l'image de producteurs individuels qui se font concurrence.

Il y a donc également une affinité entre les formations méso de type constructif, qui dominent le paysage des formations bios en Alsace, et ces valeurs d'autonomie et d'entraide. Par ailleurs, ces mêmes valeurs, ainsi que celle du développement durable, s'introduisent dans les quelques expériences que nous avons relevées au niveau macro. Prenons des exemples dans l'expérience qui se déroule à Obernai. D'abord la sélection des stagiaires. Cette sélection, assez sévère (20 personnes retenues pour environ 80 candidats) se fait sur la base des projets des candidats, mais aussi sur la base de leurs motivations, qui doivent se référer aux valeurs du mouvement de la biodynamie. Ensuite les modalités de la formation. En particulier, les deux longues périodes de stage (de 7 à 8 mois) ont pour objectif d'apprendre au stagiaire la complémentarité entre les diverses productions qui ont lieu dans la ferme : les productions végétales nourrissent les animaux, qui produisent eux-mêmes la fumure pour les terres, etc. Une caisse commune alimentée par les fermes et gérée par les stagiaires et maîtres de stages permet aux stagiaires de travailler sur leur rapport à l'argent et d'apprendre à le gérer collectivement.

Le tournant du « Grenelle Environnement »

En septembre 2007, le ministre de l'Agriculture Michel Barnier propose un plan d'action en faveur de l'agriculture bio, le « Grenelle Environnement » qui, avec le programme « Objectif terres 2020 », entend tripler, pour 2012, les surfaces agricoles cultivées en bio, en les portant de 2 % à 6 % de la surface agricole française. Plusieurs dispositions sont prévues à cet effet. Deux d'entre elles nous intéressent plus particulièrement ici : d'une part, le plan prévoit des fonds pour inciter les acteurs à se regrouper en filières et à structurer celles-ci ; d'autre part, il entend développer les formations, en prévoyant notamment qu'à partir de la rentrée 2008, « tous les élèves des établissements d'enseignement agricoles reçoivent au moins une formation de base dans (le domaine de l'agriculture biologique) » (site du ministère de l'Alimentation, de l'Agriculture et de la Pêche).

Ce plan introduit des changements importants dans les formations bios alsaciennes. Tout d'abord, conformément à la nouvelle loi, des modules de sensibilisation et d'initiation au bio sont renforcés dans les différents lycées agricoles. Il s'agit d'amener les étudiants à comparer des techniques (par exemple de désherbage, ou d'assolement) telles qu'elles se pratiquent en conventionnel et en bio, de comparer des systèmes d'exploitation (par exemple des élevages laitiers), etc.

Dans la ligne de la loi également, les filières sont à présent en voie de constitution, avec l'aide de l'Opaba. Des responsables sont désignés pour chacune d'elles (viticulture, maraîchage, bovin laitier, etc.) ; ils servent d'interlocuteur pour l'organisation des conseils et pour l'obtention des aides de la Région et de l'État.

Deux initiatives nouvelles sont occupées à se mettre en place, qui devront conduire ultérieurement à l'organisation de formations (celles-ci n'ont pas encore démarré, au moment – été 2010 – où nous écrivons ces lignes). Une première se situe au lycée d'Obernai. Il s'agit de consacrer 19 hectares à la culture du houblon bio, en vue de fournir des brasseries artisanales. Une équipe est actuellement occupée à sélectionner la variété de houblon qui sera cultivée. Une deuxième initiative se situe au lycée de Rouffach, où existait déjà une ferme qui produisait des volailles fermières distribuées dans les circuits courts. Il a été décidé de la transformer en installation bio. Plusieurs démarches sont en cours : la création d'une nouvelle poussinière où les volailles auront davantage d'espace, la conversion des cultures et la certification des produits bios qui serviront à leur alimentation, etc.

Actuellement, le mouvement bio se nourrit de l'institutionnalisation

Situé dans notre grille de départ, le plan d'action en faveur de l'agriculture bio repris dans le « Grenelle Environnement » renforce incontestablement les formations macro. On peut parler, en d'autres termes, d'une institutionnalisation des formations. Celle-ci affecte-t-elle les formations qui se situent aux autres niveaux ?

Les formations méso de caractère plus prescriptif continuent à exister : conseils proposés par les firmes qui vendent du matériel et des produits bios (poudres pour composts, huiles essentielles, etc.) et surtout conseil et accompagnement fournis par l'Opaba, par les Chambres d'agriculture, qui ont d'ailleurs tendance à se renforcer. Les recherches, tâtonnements au niveau micro se poursuivent également. Nous n'insisterons pas sur ces deux constats, pour nous interroger de manière plus approfondie sur ce que deviennent les formations méso qui reposent sur la construction collective des savoirs et savoir-faire, des formations dont on a montré plus haut qu'elles étaient en affinité à la fois avec les besoins professionnels et avec les visées d'action sociale du mouvement bio. Ces formations subissent-elles les effets négatifs de l'institutionnalisation ? (On peut en effet penser que cette dernière entraîne des risques à ce niveau : qu'elle puisse contribuer à réduire les solidarités et/ou à recréer des formes de dépendance…) Plus fondamentalement encore, l'institutionnalisation des formations affaiblit-elle le mouvement de l'agriculture bio ?

Notre réponse à ces questions est négative. Nous pensons que le mouvement bio et les formations qu'il porte ne sont pas affaiblis par l'institutionnalisation des formations. Bien au contraire, le mouvement continue à se développer parallèlement à cette institutionnalisation ; plus encore, il lui imprime sa marque en infléchissant les orientations des nouvelles formations instituées par les pouvoirs publics.

C'est ce qu'il nous reste à montrer brièvement. D'abord, les formations méso, reposant sur la construction des savoirs, se poursuivent. En effet, nos observations nous donnent à penser que les contacts informels entre praticiens continuent à exister. Par exemple, c'est souvent à l'occasion d'un échange avec un praticien bio, qu'un agriculteur travaillant en conventionnel en vient à se poser des questions sur son mode de culture et à envisager la transition vers le bio. Et chez les praticiens plus chevronnés, il est fréquent que l'on se regroupe pour faire une visite chez un collègue d'une autre région, ou chez un agriculteur bio allemand ou suisse, ou encore auprès de centres de recherche et de promotion du bio situés dans ces deux pays. À une échelle un peu plus large, les multiples « salons », « foires », « rencontres », « rendez-vous », « dégustations » organisés par les associations, restent autant d'occasions pour les agriculteurs bios d'échanger sur leurs pratiques.

Ces échanges prennent une nouvelle ampleur avec le développement de l'internet. La plupart des associations actives dans le bio ont leur site propre (les Associations pour le maintien d'une agriculture paysanne (AMAP), Nature et Progrès, La Maison de l'Agriculture Bio-dynamique, etc.) qui comporte parfois un espace de discussion ; d'autres sites sont entièrement dédiés à des échanges informels[1]. On y trouve des informations sur certains événements (telle foire, telle formation, etc.), des débats sur certains thèmes (la manière de réaliser le purin pour protéger les pommes de telle maladie, le lancement d'un nouveau label bio, etc.), des offres ou des demandes de service (demande de stage, etc.). Ces échanges via l'internet sont parfois, en eux-mêmes, occasion d'apprentissages, par exemple lorsque des agriculteurs échangent à propos de telle technique. Plus souvent, ils servent à initier ou à renforcer des relations face à face (dans le cadre de tel stage, de telle formation, de telle foire), qui permettront aux personnes impliquées de développer leurs savoirs et savoir-faire.

Ensuite, le mouvement bio imprime sa marque aux formations instituées. L'histoire récente des deux projets (houblon à Obernai et volailles à Rouffach) offre plusieurs illustrations de ces influences. Lorsqu'il s'est agi de déterminer en fonction de quels critères on allait sélectionner la variété de houblon qui serait produite à Obernai, des personnes actives dans le mouvement de l'agriculture bio sont parvenues à faire adopter le critère de résistance aux maladies, alors que d'autres professionnels auraient plutôt retenu d'autres critères. Plus généralement, des observateurs notent que les formations macro ont tendance à évoluer vers une meilleure prise en compte de la dimension systémique de l'agriculture bio, à savoir les liens entre la plante et les autres composantes de l'écosystème : terre, eau, flore, faune, etc.

En conclusion, l'institutionnalisation des formations à l'agriculture bio qui découle du « Grenelle Environnement » n'a donc pas, à notre sens, affaibli les formations méso articulées aux besoins professionnels et à l'action sociale menée par les agriculteurs bios. Bien au contraire, ces formations basées sur des échanges au sein de réseaux continuent à se développer, en particulier par le canal de l'internet. Par ailleurs, des praticiens impliqués dans le mouvement bio parviennent à imprimer leur marque aux formations instituées, en infléchissant leurs objectifs et leurs contenus.

Bibliographie

Gendron, C., Turcotte, M.F., « Les nouveaux mouvements sociaux économiques au cœur d'une nouvelle gouvernance », in *Organisations et Territoires*, 2006, vol. 16, n° 1, p. 23-32.

Streith, M., « Les lieux des savoirs », in Van Dam, D., Nizet, J., Dejardin, M., Streith, M., *Les agriculteurs biologiques. Ruptures et innovations*, Dijon, Éducagri Éditions, 2009.

[1] Par exemple http://fr. groups.yahoo.com/group/agribio.

Van Dam, D, Nizet, J., Dejardin, M., Streith, M., *Les agriculteurs biologiques. Ruptures et innovations*, Dijon, Éducagri Éditions, 2009.

CHAPITRE 10

Le développement du bio en Alsace

Une affaire d'individus ou d'institutions ?

Guillaume CHRISTEN
Doctorant à l'Université de Strasbourg

Jean NIZET
Professeur aux Facultés universitaires Notre-Dame de la Paix à Namur et à l'Université catholique de Louvain

Les chapitres antérieurs ont traité du développement du bio en Alsace, en se focalisant sur un secteur (l'élevage laitier, ou la viticulture), ou sur une région (l'Alsace bossue) ou encore en abordant un de ses aspects (les formations, les manifestations qui promeuvent le bio). Dans cette dernière contribution, on aborde à nouveau la question, mais en prenant un peu de hauteur et en adoptant une approche qui compare les différents secteurs. Notre thèse est en effet que les incitants, les moteurs, ou au contraire les freins, les obstacles au développement du bio, diffèrent sensiblement suivant que l'on a affaire aux céréales, aux bovins servant à la production du lait, ou de la viande, au maraîchage ou encore à la viticulture. Nous passons en revue ces différents secteurs pour tenter, dans la dernière section, de mieux saisir la nature des processus à l'œuvre et de leurs différences.

Les céréales

La question de la conversion des céréaliers au bio nécessite de revenir succinctement sur le contexte de l'agriculture alsacienne dans son ensemble. Effectivement, la modernisation agricole centrée sur le *référentiel de l'agriculteur entrepreneur technicien* (Muller *et al.*, 1989) s'est principalement construite autour de la culture du maïs, comme symbole d'une réussite professionnelle et sociale. La valeur sociale et économique accordée au maïs constitue alors le principal frein et obstacle à la transition au bio dans ce secteur.

Revenons tout d'abord sur la valeur sociale dont bénéficie la culture du maïs en Alsace. Il existe des « *clapets anti retour* » (Christen, 2009) pour la génération des agriculteurs actuellement en activité. Ils concernent des exploitants qui se sont affranchis de l'élevage et de ses contraintes, pour qui il serait improbable, voire impensable de revenir à des modes de production ou à des pratiques antérieures. Il existe ainsi des freins sociaux qui ont pour origine la légitimité accordée à ce référentiel de l'agriculteur entrepreneur. Ce dernier symbolise la réussite sociale, favorisant l'accès à des conditions de travail et à un mode de vie libéré au moins partiellement de la *contrainte naturelle*. Fortement ancré dans les consciences, le référent de l'agriculteur entrepreneur élaboré autour de la norme technique constitue un frein social important dans une transition éventuelle vers l'agriculture biologique. Les clapets anti retour fonctionnent ainsi comme une grille de lecture assimilant le passage à des modes de production biologique à un retour à la contrainte naturelle et donc à un modèle d'agriculture dont ils s'étaient affranchis par la technique. Le retour au binage mécanique par exemple est perçu comme un déclassement social, comme *une négation du processus de modernisation et de mobilité sociale* (Christen, 2009) encore récente et non finalisée pour certains. Les capacités d'évolution et l'émergence de pratiques alternatives issues du monde agricole lui-même dépendent donc du degré d'érosion sociale de ce modèle centré sur les seuls aspects technico-économiques.

Le maïs étant considéré comme une des principales ressources pour les industries amidonnières et chimiques de la région, le frein est aussi d'ordre économique. Effectivement, le modèle communautaire agricole impliquant un nombre important d'agriculteurs par village a été remplacé par un modèle plus individualiste et technicien. Ce modèle s'appuie sur des réseaux de démarcheurs privés qui proposent désormais aux agriculteurs des conseils techniques et une expertise sur la conduite des cultures. Il est alors essentiel de considérer cet encadrement technico-économique (et le modèle technicien dominant auquel il se réfère) comme un frein essentiel au développement du bio dans les grandes cultures. En diffusant des pratiques culturales (calendriers des semis, traitements), les préconisateurs-démarcheurs transmettent ainsi des savoirs économiques, mais aussi des savoir-faire. Ils transmettent également des schémas de pratiques, c'est-à-dire des manières de faire qui sont également des manières de penser et de se représenter le métier d'agriculteur et son rapport au vivant et à l'environnement. La diffusion et la légitimation d'un modèle d'agriculture centré sur les aspects technico-économiques sont donc susceptibles de contrarier les initiatives individuelles de transition au bio dans les grandes cultures.

Pour les céréaliers qui sont engagés dans un processus de conversion, leur production ne semble pas pleinement adaptée aux types de productions et aux circuits de commercialisation classiquement utilisés en agriculture biologique. Leur agrosystème, principalement et anciennement centré sur des productions organisées en filières, rencontre certaines difficultés à valoriser le bénéfice d'un produit bio. Du fait de la spécialisation maïsicole de la région, les circuits de valorisation des céréales restent marginaux. Pour la valorisation du blé, ils se limitent à des moulins locaux (comme le moulin de Hurtigheim) qui proposent des farines biologiques aux particuliers et boulangeries de la région. De ce fait, les principales surfaces cultivées sont des céréales fourragères (orge, avoine, maïs grain, triticale) destinées à l'élevage. Même si la demande est croissante dans ce secteur (pain, céréales), les surfaces alsaciennes en céréales bios ne concernaient en 2008 que 0,8 % des céréales cultivées et une quinzaine d'exploitants. Ces conversions de céréaliers en zone de plaine centrale restent donc encore minoritaires, là où la culture du maïs reste fortement ancrée.

Les bovins lait et viande

Les acteurs qui démarrent une production bio en bovin-viande ou lait sont majoritairement originaires du milieu agricole. Leur motivation est surtout économique : le passage au bio permet la survie de l'exploitation.

Pour les bovins lait, le modèle de référence que constitue la culture du maïs exerce aussi son influence, en marginalisant les systèmes en polyculture élevage. Dans ce contexte, les motivations à la conversion au bio relèvent d'un choix rationnel des acteurs à maintenir la viabilité économique de leur exploitation agricole. En 2008, la conversion au bio représentait un peu plus de 5 % de la production laitière en Alsace et concernait 69 exploitations laitières.

Des régions aux contraintes pédologiques et agronomiques se caractérisent encore par la prégnance de systèmes en polyculture élevage, de type bovin lait. C'est notamment le cas de l'Alsace bossue (voir plus haut, chapitre 6), région située au nord de l'Alsace, qui se définit par des contraintes pédologiques fortes empêchant ainsi le retournement des prairies en grandes cultures. Dans ce cas d'espèce, la reconversion en mode biologique répond à une exigence économique forte, essentielle au *système de viabilité économique* de l'exploitation, et à son maintien (Mormont, 1996 : 28-36). Le choix du biologique se trouve ainsi justifié par un calcul rationnel entre un agrandissement trop coûteux en termes d'investissement et d'endettement et une reconversion qui, au regard de leur assolement essentiellement composé de prairies naturelles, semble la meilleure façon de valoriser un agrosystème où l'empreinte de la *dépendance organique* reste forte (Deléage, 2005). Dans cette région, la réussite des processus de conversion tient également à l'existence d'un acteur organisé, la coopérative Unicoolait qui, comme on l'a montré plus haut, représente un stimulant important dans la transition vers le bio. Elle met en effet en place un circuit de commercialisation qui fournit aux agriculteurs convertis ou en phase de conversion la garantie d'une valorisation économique de leur production laitière. En dehors des seuls aspects économiques, la rémunération est aussi symbolique et sociale, car elle reconnaît et légitime l'initiative de l'agriculteur.

Dans d'autres secteurs situés au sud de la région, des initiatives de conversion rencontrent certaines difficultés à valoriser le bénéfice d'un produit bio. Du fait de l'absence d'un acteur collectif ou organisé, la production de lait biologique ne trouve pas de valorisation à sa juste valeur. Le lait sera alors vendu à une coopérative classique qui rémunérera le producteur au prix du lait conventionnel. Ces acteurs nouvellement convertis à des modes de production biologique doivent alors chercher des débouchés en l'absence de filières et de réseaux de commercialisation. Leur production en biologique reste difficilement valorisable et finit souvent par emprunter des filières classiques déjà existantes qui ne reconnaissent pas la plus-value d'un produit certifié biologique. Cette absence de réseau et de filière valorisant une démarche ou une innovation individuelle freine les possibilités de conversion d'une agriculture conventionnelle à un mode de production alternatif. Pour les acteurs déjà convertis, cette situation peut remettre en question la signification et la croyance accordées au projet initial. Quel intérêt pour ces acteurs de se convertir en biologique, si cette démarche n'est pas reconnue dans des réseaux définis et existants ? Le déficit n'est pas qu'économique, mais s'accompagne aussi d'une perte de sens.

D'autres acteurs associent les activités de production, de transformation et de commercialisation. La ferme Raymond Durr, que l'on peut qualifier de moyenne entreprise, fait figure de référence. C'est aussi un acteur qui joue un rôle de levier dans le processus de transition et de développement du bio chez les éleveurs laitiers. La laiterie transforme chaque mois 80 000 litres de lait certifié bio, dont 50 000 litres qui proviennent d'exploitations bios qui ne bénéficient pas de circuits de collecte. Il s'agit ici d'une initiative individuelle positive, où la mise en commun des outils de transformation et de commercialisation encourage et soutient le processus de transition et de maintien au bio d'autres exploitations laitières. Dans ce cas, cet acteur joue le rôle de relais que joue, en Alsace bossue, un acteur collectif : la laiterie Unicoolait dont on a parlé ci-dessus.

Pour ce qui concerne les bovin-viande, on a principalement affaire à des producteurs d'origine agricole dont seule la partie bovin-viande a fait l'objet d'une conversion en biologique alors que leurs grandes cultures céréalières (blé, maïs) sont restées en conventionnel. En 2008, les conversions en bio représentaient 6 % de la production de viande bovine ; elles étaient principalement situées en Alsace bossue. Pour ce groupe d'éleveurs, nous pouvons différencier deux situations.

Dans un premier cas, le processus de commercialisation est piloté par les agriculteurs eux-mêmes sous la forme de vente directe à la ferme. Dans un premier temps, elle est le plus souvent centrée sur le maraîchage (asperges par exemple) ou les petits fruits. Mais c'est sous l'impulsion d'une demande croissante des consommateurs que va se développer l'offre en viande bio. Cette commercialisation dans des réseaux de proximité reste toutefois minoritaire, car l'essentiel des débouchés est encore organisé par des logiques de filières longues et non biologiques, où l'agriculteur a peu de prise sur la transformation et les conditions de vente du produit. Ainsi, une part de la production est vendue à une coopérative qui rachète aux agriculteurs les taurillons à l'engraissement. Comme pour les éleveurs laitiers, une partie essentielle de la production de viande biologique se retrouve déclassée dans des filières conventionnelles.

Dans les cas de l'élevage bovin-viande et laits, on constate donc toute l'importance des acteurs collectifs qui organisent et valorisent la distribution des produits bios. En dehors des circuits pilotés par les agriculteurs, ces acteurs organisés stimulent, mais aussi légitiment et confortent les initiatives individuelles.

Le maraîchage

La production maraîchère est plus marginale en Alsace et ne regroupe qu'une quarantaine d'agriculteurs. Cette activité se différencie en deux groupes distincts, les maraîchers et les producteurs, distinction qui traduit des stratégies de valorisation spécifiques. Les premiers se caractérisent par des productions diversifiées en petites quantités tout au long de l'année. Les réseaux de commercialisation sont davantage centrés sur des circuits courts, tels les marchés locaux, la vente à la ferme, ou les AMAP. La production des seconds sera davantage spécialisée autour de la culture de légumes ou fruits particuliers en quantité importante. On parlera alors de production en plein champ, comme la pomme de terre, le chou, la carotte. Les circuits de valorisation empruntés sont alors principalement centrés sur la grande distribution, tels les supermarchés ou les coopératives.

On a surtout affaire ici à des acteurs d'origine non agricole. C'est ici l'accès à la terre qui freine leur projet de maraîchage bio. Or, des acteurs plus institutionnels peuvent être à l'origine de projets politiques encourageant la conversion de surfaces initialement destinées aux grandes cultures à des productions maraîchères biologiques. C'est notamment le cas de la Communauté urbaine de Strasbourg, qui pour pallier à une demande croissante de produits bios (émanant de particuliers comme de collectivités) vise à développer l'organisation de circuits courts et le maintient d'une agriculture périurbaine. Les surfaces agricoles (soit 10 000 hectares cultivés autour de Strasbourg) seront alors réorientées vers des cultures prioritairement maraîchères avec l'organisation de circuits courts de valorisation sous la forme d'AMAP, de marchés ou l'approvisionnement de collectivités.

La viticulture

Ce secteur a connu le développement le plus considérable : d'une poignée de viticulteurs bios en 1980, on est passé à environ 200 en 2010. C'est plus de 7 % de la viticulture alsacienne qui est ainsi convertie en bio. On peut distinguer trois phases dans cette évolution, même si elles se recoupent en partie : la phase des pionniers, celle de la promotion des vins de terroirs et celle du bio comme opportunité économique.

Dans les années 1970 et au début des années 1980, une poignée de producteurs passe de la viticulture conventionnelle, au bio. Pour plusieurs d'entre eux, cette transition fait suite à des problèmes de santé liés à l'usage des pesticides : des problèmes personnels, ou des problèmes qui ont affecté des membres de leur famille ou des collaborateurs directs. Tous ces « pionniers » sont mus par des convictions fortes, qui prennent selon chacun des accents différents : les uns refusent de moderniser leurs méthodes de culture ou de vinification ; d'autres s'inscrivent dans la mouvance écologique (on retrouvera parmi eux des fers de lance de la lutte antinucléaire) ; d'autres refusent la dépendance dans laquelle l'agriculture conventionnelle maintient les agriculteurs ; d'autres encore manifestent un fort attachement à l'Alsace, à sa culture, à ses traditions, etc.

Ces pionniers sont rejoints, à la fin des années 1980 et au cours des années 1990, par d'autres exploitants qui voient dans le bio une manière d'améliorer la qualité du vin, en renforçant les liens de la vigne avec les terroirs sur lesquels elle est cultivée. Certains d'entre eux pratiquaient déjà auparavant la viticulture raisonnée. Ils suivent des formations auprès de différents organismes, échangent leurs expériences dans le cadre d'associations, ou de manière plus informelle. Un leitmotiv les rassemble : la vigne cultivée en conventionnel trouve sa nourriture dans les engrais disponibles à la surface du sol ; ses racines s'étendent horizontalement ; elle produit donc un vin « standard », qui n'a guère de spécificités. À l'inverse, la vigne cultivée en bio voit ses racines plonger en profondeur dans le sol ; elle produit un vin qui reflète la spécificité du terroir. La biodynamie constitue pour plusieurs d'entre eux une référence importante. À côté de petits producteurs, des grands domaines passent également au bio. Les prix remportés par les vins bios lors des concours renforcent, chez tous ces producteurs, la conviction que le bio est désormais la voie qui conduit à des vins de qualité. Notons d'ailleurs que les producteurs qui passent au bio à l'époque sont ceux qui poursuivaient déjà auparavant une stratégie de qualité (plutôt qu'une stratégie de réduction des coûts) ; de ce fait, l'augmentation du prix de vente occasionnée par le passage au bio n'est pas trop importante et peut être absorbée sans problème par le marché. Pendant cette période, la demande de vin bio croît, tant pour le marché intérieur que pour l'exportation.

Plus récemment, le bio apparaît davantage comme une opportunité économique. C'est le cas notamment pour certains petits producteurs, ainsi que pour des coopératives ou des négociants qui constatent que le vin alsacien, dans son ensemble, est de moins en moins commercialisé par la vente directe et de plus en plus par les grandes surfaces. Le passage au bio leur apparaît comme une manière de réagir à cette évolution. À titre d'exemple, mentionnons le cas de ce négociant qui, en 2009, a demandé à la trentaine de producteurs de raisins qui lui fournissent leur production de passer en bio. C'est donc ici davantage une motivation économique qui conduit à la transition vers le bio, plus que des convictions écologiques ou antimodernistes (1re phase) ou encore une recherche de la qualité du vin (2e phase).

La diversité des processus à l'œuvre

Les processus de développement du bio en Alsace diffèrent donc très sensiblement d'un secteur à l'autre ; pour certains secteurs, comme la viticulture, ils diffèrent également suivant les époques. Dans cette dernière section, nous cherchons à mieux comprendre la nature de ces processus et à mieux saisir leurs différences.

Notre analyse nous a amenés à distinguer tantôt des facteurs « positifs » – nommés, suivant les cas, incitants, moteurs, etc. – tantôt des facteurs « négatifs » – contraintes, obstacles, freins. De quelle nature sont ces facteurs ? On peut les regrouper en deux catégories.

Viennent d'abord ce qu'on peut appeler des facteurs de contexte. Contexte démographique : la densité de la population qui peuple le territoire alsacien et qui limite la disponibilité des terres cultivables, un facteur qui intervient comme frein, notamment dans le domaine du maraîchage. Contexte géologique : la nature des sols, etc. Ainsi, en Alsace bossue, le sol humide, difficile à labourer est un frein à la culture des céréales, mais stimule par contre l'élevage de bovins.

Viennent ensuite les acteurs : tel groupe de viticulteurs, de consommateurs, telle coopérative, telle instance politique. Nous proposons de les classer de deux manières : « horizontalement » et « verticalement ».

Horizontalement : il s'agit de déterminer à quel(s) stade(s) de la filière de production se situent les acteurs qui interviennent, positivement ou négativement, dans le processus. Sont-ils producteurs, ou (aussi) transformateurs, ou grossistes, ou revendeurs, ou encore consommateurs ? Ainsi, lorsque certains viticulteurs passent au bio à cause de problèmes de santé, on a bien affaire à un processus commandé en amont. À l'autre extrême, la forte demande de produits de maraîchage de la part des particuliers et des collectivités illustre un processus commandé en aval.

Verticalement : il s'agit de classer les acteurs suivant qu'il s'agit d'individus (producteurs indépendants, consommateurs, etc.) ou d'acteurs collectifs (coopératives, grandes entreprises de transformation, région, État, etc.). Ainsi, dans les deux exemples ci-dessus (problèmes de santé des viticulteurs et demandes des consommateurs en produits de maraîchage), on a des acteurs individuels qui interviennent positivement dans le processus de développement du bio. Et lorsqu'on parlait plus haut du modèle de l'agriculteur technicien affranchi des contraintes de la nature, c'est toujours aux acteurs individuels qu'on s'intéressait, en pointant cette fois un facteur qui pèse négativement sur le choix de plusieurs d'entre eux. Le cas de la laiterie Unicoolait qui fédère les producteurs en Alsace bossue est un exemple d'acteur collectif qui intervient, ici aussi, positivement. Les primes octroyées par l'État pour la culture du maïs constituent un exemple de frein posé par un acteur collectif, tandis que l'initiative de la Communauté urbaine strasbourgeoise de mettre des terres à la disposition des producteurs bios est un autre exemple où intervient un acteur collectif, mais positivement cette fois.

Au regard de ces deux distinctions, les processus de transition vers le bio identifiés dans les différents secteurs apparaissent comme assez diversifiés. Tantôt ils sont commandés plutôt en amont, tantôt plutôt en aval, que ce soit positivement (par des initiatives favorables au développement du bio) ou négativement (par des freins, des blocages, etc.). Et tantôt ce sont des processus pilotés plutôt par des acteurs individuels, tantôt des processus pilotés plutôt par des acteurs collectifs.

Sur ce tout dernier point (pilotage individuel ou collectif), on peut tenter une comparaison avec l'agriculture conventionnelle, qui se caractériserait bien davantage par un pilotage par les institutions et organisations. Les acteurs individuels – en particulier les producteurs – y ont une marge de manœuvre réduite par rapport aux grosses organisations qui commercialisent les engrais, pesticides, ainsi que par rapport aux décisions de politique agricole, qu'elles soient prises au niveau régional, national, ou encore européen. À l'opposé, notre analyse montrerait que les processus de développement du bio sont plus diversifiés puisque l'on trouve, suivant les secteurs, une prédominance tantôt du pilotage par les grosses organisations et institutions, tantôt du pilotage par les individus.

Bibliographie

Christen, G., « De la norme technique au référent environnemental : déplacement social et conflits identitaires chez les élèves en formation agricole », in Cherqui A., Hamman P. (dir.), *Production et revendications d'identités : Éléments d'analyse sociologique*, Paris, L'Harmattan, 2009.

Deléage, E., *De la parcelle à la planète. Socio-anthropologie du Réseau Agriculture Durable*, Paris, Broché, 2004.

Mormont, M., « Agriculture et environnement : pour une sociologie des dispositifs », in *Économie Rurale*, 1996, n° 236, p. 28-36.

Muller P., Faure A., Gerbeaux F. (dir.), *Les entrepreneurs ruraux : agriculteurs, artisans, commerçants, élus locaux*, Paris, L'Harmattan, 1989.

CONCLUSION

L'agriculture bio, un champ en tension

Au terme de ce parcours au sein du champ de l'agriculture bio alsacienne, celui-ci nous est apparu comme traversé par des tensions.

Tension entre le projet de développer une nouvelle activité économique et la perspective d'agir sur la société. Tension entre une progression de la demande de produits bios – notamment en maraîchage – et la faiblesse de l'offre locale, du fait notamment des difficultés d'accès aux terres cultivables. Tension entre des formations mises en place par l'État et les savoirs construits par les acteurs dans le cadre d'échanges informels. Tension, chez certains producteurs, entre la recherche de la rentabilité et la quête d'une manière de produire plus respectueuse de la santé et de l'environnement. Tension entre la volonté de certains éleveurs de produire de la viande et du lait bio et l'insuffisance des structures de transformation et de commercialisation. Tension, plus généralement, entre nature et agriculture, entre espace urbain et espace rural et entre différents modèles agricoles qui se sont succédé dans le temps et dont chacun laisse des traces.

Tantôt ces tensions apparaissent comme bénéfiques : elles sont sources d'initiatives, d'innovations, de dynamisme. Tantôt elles sont plutôt négatives en provoquant des blocages, des retraits.

Elles sont négatives lorsque la faiblesse des structures de transformation conduit certains producteurs à abandonner le bio, ou les contraint à commercialiser leurs produits sans bénéficier de la plus-value escomptée. Elles sont également négatives quand des organisateurs d'événements prennent des positions qui ne sont pas jugées acceptables par d'autres, empêchant ainsi une collaboration. Ajoutons des tensions liées à la bipolarité du territoire. Nous constatons, en effet, une profonde césure entre l'agriculture de la plaine dédiée à la culture du maïs, rétive à des pratiques bios et celle des reliefs, consacrée à la viticulture et l'élevage bovin, où on observe une progression importante du bio.

Elles sont positives lorsque, par exemple, la Communauté Urbaine strasbourgeoise répond à la pénurie des terres cultivables en affectant des terrains à la production maraîchère ou lorsque des acteurs proches du mouvement bio investissent les nouvelles formations mises en place par les pouvoirs publics pour en infléchir les objectifs et les contenus.

Positives encore lorsque des coopératives laitière ou viticole prennent l'initiative de commercialiser à large échelle des produits bios ou lorsque les émotions ressenties dans l'activité professionnelle et dans l'action collective se rejoignent et contribuent ainsi à l'unité du mouvement bio.

Personalia

André Blouet est agronome et enseignant-chercheur à l'Université H. Poincaré Nancy/INRA-ASTER. Ses recherches portent sur les méthodes agricoles alternatives.

Guillaume Christen est doctorant en sociologie de l'environnement à l'Université de Strasbourg. Son travail de thèse porte sur les attitudes et les comportements des agriculteurs par rapport aux risques d'érosion et l'élaboration des stratégies d'action, de communication et de sensibilisation.

Florence Hellec est agronome et docteure en sociologie. Elle est actuellement post-doctorante à l'INRA-ASTER. Ses recherches portent notamment sur les pratiques et les changements de pratiques chez les éleveurs de bovins.

Jean Nizet est philosophe et docteur en sociologie. Il est professeur aux Universités de Namur et de Louvain-la-Neuve et est l'auteur de divers ouvrages dans les domaines de la théorie des organisations, de la gestion des ressources humaines et de la formation des adultes.

Daniel Schmidt est titulaire d'un brevet de technicien agricole option horticole. Il a repris l'entreprise agricole de légumes bios de ses parents (EARL) qu'il dirige avec son épouse et son fils. Il est président de l'Opaba (Organisation professionnelle de l'agriculture biologique en Alsace) et secrétaire de Planètes Légumes. Il est membre associé de la Chambre d'agriculture du Haut Rhin.

Michel Streith est docteur en anthropologie, chargé de recherche au CNRS, membre du laboratoire Dynamiques sociales et recomposition des espaces (LADYSS). Il a publié plusieurs articles et ouvrages sur la construction des savoirs dans les agricultures biologiques et paysannes.

Denise Van Dam est psychologue et docteure en sociologie. Elle est chargée de cours à l'Université de Namur où elle coordonne le groupe Développement durable. Elle est l'auteure de plusieurs ouvrages et articles dans les domaines de l'identité culturelle et de l'agriculture biologique.

Bernard Wentz est ingénieur des techniques agricoles et responsable de l'organisation des formations sur l'agriculture et le développement durable, au DRAAF/SRFDE d'Alsace.

Maurice Wintz est docteur en sociologie et maître de conférence en sociologie rurale et de l'environnement à l'Université de Strasbourg,

Institut d'urbanisme et d'aménagement régional. Ses recherches portent notamment sur la construction d'une éthique environnementale et sur la place de la nature dans le développement durable urbain.

EcoPolis

La collection EcoPolis est dédiée à l'analyse des changements qui se produisent simultanément dans la société et dans l'environnement quand celui-ci devient une préoccupation centrale.

L'environnement a longtemps été défini comme l'extérieur de la société, comme ce monde de la nature et des écosystèmes qui sert de soubassement matériel à la vie sociale. Les politiques d'environnement avaient alors pour but de « préserver », « protéger », voire « gérer » ce qui était pensé comme une sorte d'infrastructure de nos sociétés. Après quelques décennies de politique d'environnement, la nature et l'environnement sont devenus des objets de l'action publique et il apparaît que c'est dans un même mouvement que chaque société modèle son environnement et se construit elle-même. Cette dialectique sera au centre de la collection.

Directeur de collection : Marc MORMONT,
Professeur à la Fondation universitaire luxembourgeoise
(Université de Liège, Belgique)

Dans la collection

N° 13– Denise VAN DAM, Michel STREITH et Jean NIZET (dir.), *L'agriculture bio en devenir. Le cas alsacien*, 2011, 142 pages.

N° 12– Philippe HAMMAN et Jean-Yves CAUSER (dir.), *Ville, environnement et transactions démocratiques. Hommage au Professeur Maurice Blanc*, 2011, 291 pages.

N° 11– Géraldine FROGER (dir.), *Tourisme durable dans les Suds ?*, 2010, 316 pages.

N° 10– Muriel MAILLEFERT, Olivier PETIT et Sandrine ROUSSEAU (dir.), *Ressources, patrimoine, territoires et développement durable*, 2010, 283 pages.

N° 9– Philippe HAMMAN et Christine BLANC, *Sociologie du développement durable urbain. Projets et stratégies métropolitaines françaises*, 2009, 260 pages.

N° 8– François MÉLARD (dir.), *Écologisation. Objets et concepts intermédiaires*, 2008, 214 pages.

N° 7– David AUBIN, *L'eau en partage. L'activation des règles dans les rivalités d'usages en Belgique et en Suisse*, 2007, 247 pages.

N° 6– Géraldine FROGER (dir.), *La mondialisation contre le développement durable ?*, 2006, 315 pages.

N° 5– Laurent MERMET (dir.), *Étudier des écologies futures. Un chantier ouvert pour les recherches prospectives environnementales*, 2005, 411 pages.

N° 4– Jean-Baptiste NARCY, *Pour une gestion spatiale de l'eau. Comment sortir du tuyau ?*, 2004, 342 pages.

N° 3– Pierre STASSART, *Produits fermiers : entre qualification et identité*, 2003, 424 pages.

N° 2– Cécilia CLAEYS-MEKDADE, *Le lien politique à l'épreuve de l'environnement. Expériences camarguaises*, 2003, 245 pages.

N° 1– Edwin ZACCAÏ, *Le développement durable. Dynamique et constitution d'un projet*, 2002 (2e tirage 2003), 358 pages.

FSC
www.fsc.org
MIX
Papier | Fördert
gute Waldnutzung
FSC® C083411

Kolibri 360 GmbH
Ferdinand-Jühlke-Straße 7
99095 Erfurt, Deutschland
produktsicherheit@kolibri360.de